Définition de la vie : des théories anciennes à la science moderne.

Définition de la vie

Des théories anciennes à la science moderne

Claude Bernard

Editions Le Mono

Collection « *Sciences et Évolution du Savoir* »

ISBN : 978-2-36659-845-2
EAN : 9782366598452

Partie I

Définition de la vie, les théories anciennes et la science moderne

I

Dès la plus haute antiquité, des philosophes ou des médecins célèbres ont regardé les phénomènes qui se déroulent dans les êtres vivants comme émanés d'un principe supérieur et immatériel agissant sur la matière inerte et obéissante. Telle est la pensée de Pythagore, de Platon, d'Aristote, d'Hippocrate, acceptée plus tard par les philosophes et les savants mystiques du moyen âge, Paracelse, Van-Helmont et par les scolastiques. Cette conception atteignit dans le cours du XVIIIe siècle son apogée de faveur et d'influence avec le célèbre médecin Stahl, qui lui donna une forme plus nette en créant l'*animisme*. L'animisme a été l'expression outrée de la spiritualité de la vie ; Stahl fut le partisan déterminé et le plus dogmatique de ces idées perpétuées depuis Aristote. On peut ajouter qu'il en fut le dernier représentant ; l'esprit moderne n'a pas accueilli une doctrine dont la contradiction avec la science était devenue trop manifeste.

D'un autre côté, et par opposition aux idées qui précèdent, nous voyons, avant même que la physique et la chimie fussent constituées, et que l'on connût les phénomènes de la matière brute, les tendances philosophiques, en avance sur les faits, essayer d'établir l'identité entre les phénomènes des corps inorganiques et ceux des corps vivants. Cette conception est le fond de l'atomisme de Démocrite et d'Épicure. Les atomistes ne reconnaissent pas d'intelligence motrice, le monde se meut par lui-même éternellement. Ils ne considèrent qu'une seule espèce de matière, dont les éléments, grâce à leurs figures, jouissent de la propriété de former, en s'attachant les uns aux autres, les combinaisons les plus diverses, et de constituer les corps inorganiques et sans vie, aussi bien que les êtres organisés qui vivent et sentent comme les animaux, qui sont raisonnables et libres comme l'homme. Cette seconde hypothèse affecta ainsi dès son début une forme exclusivement matérialiste ; mais, chose remarquable, les philosophes les plus convaincus de la spiritualité de l'âme, tels que Descartes et Leibniz, ne devaient pas tarder d'adopter une façon de voir analogue qui attribuait au jeu des forces brutes toutes les manifestations saisissables de l'activité vitale. La raison de cette apparente contradiction réside dans la séparation presque absolue qu'ils établirent entre l'âme et le corps. Descartes a donné une définition métaphysique de l'âme et une définition physique de la vie. L'âme est le principe supérieur qui se manifeste par la pensée, la vie n'est qu'un effet supérieur des lois de la mécanique. Le corps humain est une machine formée de ressorts, de leviers, de canaux, de filtres, de cribles, de pressoirs. Cette machine est faite pour elle-même ; l'âme s'y ajoute pour contempler en simple spectatrice ce qui se passe dans le corps, mais elle n'intervient en rien dans le fonctionnement vital. Les idées de Leibniz, au point de vue physiologique, ont beaucoup d'analogie avec celles de Descartes. Comme lui, il sépare l'âme du corps, et, quoiqu'il admette entre eux une concordance préétablie par Dieu, il leur refuse toute espèce d'action réciproque. « Le corps, dit-il, se développe mécaniquement, et les lois mécaniques ne sont jamais violées dans les mouvements naturels ; tout se fait dans les âmes comme s'il n'y avait pas de corps, et tout se fait dans le corps comme s'il n'y avait pas d'âme. »

Stahl comprit tout autrement la nature des phénomènes de la vie et les rapports de l'âme et du corps. Dans les actes vitaux, il rejette toutes les explications qui leur seraient communes avec les phénomènes mécaniques, physiques et chimiques de la matière brute. Célèbre chimiste lui-même, il combat avec beaucoup de puissance et d'autorité surtout les exagérations des médecins-chimistes ou iatro-chimistes, tels que Sylvius de Le Boë, Willis, etc., qui expliquaient tous les phénomènes de la vie par des actions chimiques : fermentations, alcalinités, acidités, effervescences. Il soutient que non-seulement les forces chimiques sont différentes des forces qui régissent les phénomènes de la vie, mais qu'elles sont en antagonisme avec elles, et qu'elles tendent à détruire le corps vivant au lieu de le conserver.

Il faut donc, suivant Stahl, une force vitale qui conserve le corps contre l'action des forces chimiques extérieures qui tendent sans cesse à l'envahir et à le détruire ; la vie est le triomphe de celles-ci sur celles-là. Par ces idées, Stahl fonda le *vitalisme*, mais il ne s'arrêta pas à ce terme : ce n'était qu'un premier pas dans la voie qui devait le conduire à l'animisme. Cette force vitale, dit-il, qui sans cesse lutte contre les forces physiques, agit avec intelligence, dans un dessein calculé, pour la conservation de l'organisme. Or, si la force vitale est intelligente, pourquoi la distinguer de l'âme raisonnable ? Basile Valentin et son disciple Paracelse avaient multiplié sans mesure l'existence de principes immatériels intelligents, les *archées*, qui réglaient les phénomènes du corps vivant. Van-Helmont, le plus célèbre représentant de ces doctrines archéiques, qui allia avec le génie expérimental l'imagination la plus déréglée dans ses écarts, avait conçu toute une hiérarchie de ces principes immatériels. Au premier rang se trouvait l'âme raisonnable et immortelle se confondant en Dieu, ensuite l'âme sensitive et mortelle, ayant pour agent un autre archée principal, qui lui-même commandait à une foule d'archées subalternes, *les blas*. Stahl, qui à un siècle de distance est le continuateur de Van-Helmont, simplifie toutes ces conceptions de principes intelligents, d'esprits recteurs ou d'archées. Il n'admet qu'une seule âme, l'âme immortelle, chargée en même temps du gouvernement corporel. L'âme est pour lui le principe même de la vie. La vie est un des modes de fonctionnement de l'âme, c'est son *acte vivifique*. L'âme immortelle, force intelligente et raisonnable, gouverne directement la matière du corps, la met en œuvre, la dirige vers sa fin. C'est elle qui non-seulement dicte nos actes volontaires, mais c'est elle qui fait battre le cœur[1], circuler le sang, respirer le poumon, sécréter les glandes. Si l'harmonie de ces phénomènes est troublée, si la maladie survient, c'est que l'âme n'a pas rempli ses fonctions, ou n'a pu résister efficacement aux causes extérieures de destruction. Une semblable doctrine avait quelque chose d'étrange et de contradictoire,

[1] Voir *Partie II : Etude sur la physiologie du cœur.*

car l'action d'une âme raisonnable sur les actes vitaux semble supposer une direction consciente, et l'observation la plus simple nous apprend que toutes les fonctions de nutrition, — circulation, sécrétions, digestion, etc., — sont inconscientes et involontaires, comme si, selon l'expression d'un physiologiste philosophe, la nature avait voulu par prudence soustraire ces importants phénomènes aux caprices d'une volonté ignorante. L'animisme de Stahl était donc empreint d'une exagération qui porta ses successeurs, sinon à l'abandonner, au moins à le modifier profondément.

Les idées de Descartes et celles de Stahl avaient fait dans la science une impression profonde et créé deux courants qui devaient arriver jusqu'à nous. Descartes avait posé les premiers principes et appliqué les lois mécaniques au jeu de la machine du corps de l'homme ; ses adeptes étendirent et précisèrent les explications mécaniques des divers phénomènes vitaux. Parmi les plus célèbres de ces iatro-mécaniciens, il faut citer au premier rang Borelli, ensuite Pitcairn, Hales, Keil, surtout Boerhaave, dont l'influence fut prépondérante. De son côté, l'iatro-chimie, qui n'est qu'une face de la doctrine cartésienne, poursuivit sa marche et fut définitivement fondée à l'avènement de la chimie moderne. Descartes et Leibniz avaient posé en principe que partout les lois de la mécanique sont identiques ; qu'il n'y a pas deux mécaniques, l'une pour les corps bruts, l'autre pour les corps vivants. A la fin du siècle dernier, Lavoisier et Laplace vinrent démontrer qu'il n'y a pas non plus deux chimies, l'une pour les corps bruts, l'autre pour les êtres vivants. Ils prouvèrent expérimentalement que la respiration et la production de chaleur ont lieu dans le corps de l'homme et des animaux par des phénomènes de combustion tout à fait semblables à ceux qui se produisent pendant la calcination des métaux.

C'est vers la même époque que Bordeu, Barthez, Grimaud, brillaient dans l'école de Montpellier. Ils étaient les successeurs de Stahl ; néanmoins ils ne conservèrent que la première partie de la doctrine du maître, le vitalisme, et en répudièrent la seconde, l'animisme. Contrairement à Stahl, ils veulent que le principe de la vie soit distinct de l'âme ; mais avec lui ils admettent une force vitale, un principe vital recteur dont l'unité donne la raison de l'harmonie des manifestations vitales, et qui agit en dehors des lois de la mécanique, de la physique et de la chimie.

Cependant le vitalisme se modifia peu à peu dans sa forme ; la *doctrine des propriétés vitales* marqua une époque importante dans l'histoire de la physiologie. Au lieu de conceptions métaphysiques qui avaient régné jusque-là, voici une conception physiologique qui cherche à expliquer les manifestations vitales par les propriétés mêmes de la matière des tissus ou des organes. Déjà à la fin du XVIIe siècle Glisson avait désigné *l'irritabilité* comme cause immédiate des mouvements de la fibre vivante. Bordeu, Grimaud et Barthez avaient entrevu plus ou moins vaguement la même idée. Haller attacha son nom à la découverte de cette faculté motrice en nous faisant connaître ses mémorables expériences sur l'irritabilité et la sensibilité des diverses parties du corps. Toutefois c'est seulement au commencement de ce siècle que Xavier Bichat, par une illumination du génie, comprit que la raison des phénomènes vitaux devait être cherchée non pas dans un principe d'ordre supérieur immatériel, mais au contraire dans les propriétés de la matière, au sein de laquelle s'accomplissent ces phénomènes. Sans doute Bichat n'a pas défini les propriétés vitales, il leur donne des caractères vagues et obscurs ; son génie, comme il arrive souvent, n'est pas d'avoir découvert les faits, c'est d'en avoir compris le sens en émettant le premier cette idée générale, lumineuse et féconde, qu'en physiologie comme en physique les phénomènes doivent être rattachés à des propriétés comme à leur cause. « Le rapport des propriétés comme causes avec les phénomènes comme effets, dit-il dans la préface de son *Anatomie générale*, est un axiome presque fastidieux à répéter aujourd'hui en physique et en chimie ; si mon livre établit un axiome analogue dans les sciences physiologiques, il aura rempli son but. » Puis, continuant, il ajoute : « Il y a dans la nature deux classes d'êtres, deux classes de propriétés, deux classes de sciences. Les êtres sont organiques ou inorganiques ; les propriétés sont vitales ou non vitales, les sciences sont physiques ou physiologiques… »

Il importe ici et dès l'abord de bien comprendre la pensée de Bichat. On pourrait croire qu'il va se rapprocher des physiciens et des chimistes, puisqu'il place comme eux la cause des phénomènes dans les propriétés de la matière ; c'est le contraire qui arrive, et Bichat s'en éloigne et s'en sépare d'une manière aussi complète que possible. En effet, le but poursuivi dans tous les temps par les iatro-mécaniciens, physiciens ou chimistes, a été d'établir une ressemblance, une identité entre les phénomènes des corps vivants et ceux des corps inorganiques. A rencontre de ceux-ci, Bichat pose en principe que les propriétés vitales sont absolument opposées aux propriétés physiques, de sorte qu'au lieu de passer dans le camp des physiciens et des chimistes, il reste vitaliste avec Stahl et l'école de Montpellier. Comme eux, il considère que la vie est une lutte entre des actions opposées ; il admet que les propriétés vitales conservent le corps vivant en entravant les propriétés physiques qui tendent à le détruire. Quand la mort survient, ce n'est que le triomphe des propriétés physiques sur leurs antagonistes. Bichat d'ailleurs résume complètement ses idées dans la définition qu'il donne de la vie : *la vie est l'ensemble des fonctions qui résistent à la mort*, ce qui signifie en d'autres termes : la vie est l'ensemble des propriétés vitales qui résistent aux propriétés physiques.

Cette vue qui consiste à considérer les propriétés vitales comme des espèces d'entités métaphysiques qu'on ne définit pas clairement, mais qu'on oppose aux propriétés physiques ordinaires, a entraîné sans doute la recherche dans les mêmes erreurs que les autres théories vitalistes. Cependant la conception de Bichat, dégagée des erreurs presque inévitables à son époque, n'en reste pas moins une conception de génie sur laquelle s'est fondée la physiologie moderne. Avant lui, les doctrines philosophiques, animistes ou vitalistes, planaient de trop haut et de trop loin sur la réalité pour pouvoir devenir les initiatrices fécondes de la science de la vie ; elles n'étaient capables que de l'engourdir en jouant le rôle de ces sophismes paresseux qui régnaient jadis dans l'école. Bichat au contraire, en décentralisant la vie, en l'incarnant dans les tissus, et en rattachant ses manifestations aux propriétés de ces mêmes tissus, les a, si l'on veut, placés sous la dépendance d'un principe encore métaphysique, mais moins élevé en dignité philosophique, et pouvant devenir une base scientifique plus accessible à l'esprit de recherche et de progrès. Bichat, en un mot, s'est trompé, comme les vitalistes ses prédécesseurs, sur la théorie de la vie ; mais il ne s'est pas trompé sur la méthode physiologique. C'est sa gloire de l'avoir fondée en plaçant dans les propriétés des tissus et des organes les causes immédiates des phénomènes de la vie.

Les idées de Bichat produisirent en physiologie et en médecine une révolution profonde et universelle. L'école anatomique en sortit, poursuivant avec ardeur dans les propriétés vitales des tissus sains et altérés l'explication des phénomènes de la santé et de maladie. D'un autre côté les progrès des méthodes physiques, les découvertes brillantes de la chimie moderne, jetant une vive lumière sur les fonctions vitales, venaient chaque jour protester contre la séparation et l'opposition radicales que Bichat, ainsi que les vitalistes, avait cru voir entre les phénomènes organiques et les phénomènes inorganiques de la nature.

C'est ainsi que nous trouvons encore près de nous dans Bichat et dans Lavoisier les représentants des deux grandes tendances philosophiques opposées que nous avons démêlées dès l'antiquité, à l'origine même de la science, l'une cherchant à réduire les phénomènes de la vie aux lois de la chimie, de la physique, de la mécanique, l'autre voulant au contraire les distinguer et les placer sous la dépendance d'un principe particulier, d'une puissance spéciale, quel que soit le nom qu'on lui donne, d'âme, d'archée, de psyché, de médiateur plastique, d'esprit recteur, de force vitale ou de propriétés vitales. Cette lutte, déjà si vieille, n'est donc pas encore finie ; mais comment devra-t-elle finir ? L'une des doctrines arrivera-t-elle à triompher de l'autre et à dominer sans partage ? Je ne le pense pas. Les progrès des sciences ont pour résultat d'affaiblir graduellement, et dans une égale mesure, ces premières conceptions exclusives nées de notre ignorance. L'inconnu faisant seul leur forcé, à mesure qu'il disparaît, les luttes doivent cesser, les doctrines opposées s'évanouir, et la vérité scientifique qui les remplace régner sans rivale.

II

Nous pouvons dire de Bichat, comme de la plupart des grands promoteurs de la science, qu'il a eu le mérite de trouver la formule pour les conceptions flottantes de son temps. Toutes les idées de ses contemporains sur la vie, toutes leurs tentatives pour la définir ne sont en quelque sorte que l'écho ou la paraphrase de sa doctrine. Un chirurgien de l'école de Paris, Pelletan, enseigne que la vie est la résistance opposée par la matière organisée aux causes qui tendent sans cesse à la détruire. Cuvier lui-même développe la même pensée, que la vie est une force qui résiste aux lois qui régissent la matière brute ; la mort ne serait que le retour de la matière vivante sous l'empire de ces lois. Ce qui distingue le cadavre du corps vivant, c'est ce principe de résistance qui soutient ou qui abandonne la matière organisée, et pour donner une forme plus saisissante à son idée, Cuvier nous représente le corps d'une femme dans l'éclat de la jeunesse et de la santé subitement atteinte par la mort. « Voyez, dit-il, ces formes arrondies et voluptueuses, cette souplesse gracieuse des mouvements, cette douce chaleur, ces joues teintes de roses, ces yeux brillants de l'étincelle de l'amour ou du feu du génie, cette physionomie égayée par les saillies de l'esprit ou animée par le feu des passions ; tout semble se réunir pour en faire un être enchanteur. Un instant suffit pour détruire ce prestige : souvent, sans cause apparente, le mouvement et le sentiment viennent à cesser, le corps perd sa chaleur, les muscles s'affaissent et laissent paraître les saillies anguleuses des os ; les yeux deviennent ternes, les joues et les lèvres livides. Ce ne sont là que les préludes de changements plus horribles : les chairs passent au bleu, au vert, au noir ; elles attirent l'humidité, et pendant qu'une portion s'évapore en émanations infectes, une autre s'écoule en sanie putride qui ne tarde pas à se dissiper aussi ; en un mot, au bout d'un petit nombre de jours, il ne reste plus que quelques principes terreux et salins ; les autres éléments se sont dispersés dans les airs et dans les eaux pour entrer dans d'autres combinaisons. » « Il est clair, ajoute Cuvier, que cette séparation est l'effet naturel de l'action de l'air, de l'humidité, de la chaleur, en un mot de tous les agents extérieurs sur le corps mort, et qu'elle a sa cause dans l'attraction élective des divers agents pour les éléments qui le composaient. Cependant ce corps en était également entouré pendant la vie ; leurs affinités pour ses molécules étaient les mêmes, et celles-ci y eussent cédé également, si elles n'avaient pas été retenues ensemble par une force supérieure à ces affinités, qui n'a cessé d'agir sur elles qu'à l'instant de la mort. »

Ces idées de contraste et d'opposition entre les forces vitales et les forces extérieures physico-chimiques, que nous retrouvons dans la doctrine des propriétés vitales, avaient déjà été exprimées par Stahl, mais en un langage obscur et presque barbare ; exposées par Bichat avec une lumineuse simplicité et un grand charme de style, ces mêmes idées séduisirent et entraînèrent tous les esprits. Bichat ne se contente point d'affirmer l'antagonisme des deux ordres de propriété qui se partagent la nature ; mais en les caractérisant les unes et les autres il les oppose d'une manière saisissante. « Les propriétés physiques des corps, dit-il, sont éternelles. A la création, ces propriétés s'emparèrent de la matière, qui en restera constamment pénétrée dans l'immense série des siècles. Les propriétés vitales sont au contraire essentiellement temporaires ; la matière brute en passant par les corps vivants s'y pénètre de ces propriétés qui se trouvent alors unies aux propriétés physiques ; mais ce n'est pas là une alliance durable, car il est de la nature des propriétés vitales de s'épuiser ; le temps les use dans le même corps. Exaltées dans le premier âge, restées comme stationnaires dans l'âge adulte, elles s'affaiblissent et deviennent nulles dans les derniers temps. On dit que Prométhée, ayant formé quelques statues d'hommes, déroba le feu du ciel pour les animer. Ce feu est l'emblème des propriétés vitales : tant qu'il brûle la vie se soutient ; elle s'anéantit quand il s'éteint. »

C'est uniquement de ce contraste dans la nature et dans la durée des propriétés physiques et des propriétés vitales que Bichat déduit tous les caractères distinctifs des êtres vivants et des corps bruts, toutes les différences entre les sciences qui les étudient. Les propriétés physiques étant éternelles, dit-il, les corps bruts n'ont ni commencement ni fin nécessaires, ni âge, ni évolution ; ils n'ont de limites que celles que le hasard leur assigne. Les propriétés vitales étant au contraire changeantes et d'une durée limitée, les corps vivants sont mobiles et périssables ; ils ont un commencement, une naissance, une mort, des âges, en un mot une évolution qu'ils doivent parcourir. Les propriétés vitales se trouvant constamment en lutte avec les propriétés physiques, le corps vivant, théâtre de cette lutte, en subit les alternatives. La maladie et la santé ne sont autre chose que les péripéties de ce combat : si les propriétés physiques triomphent définitivement, la mort en est la conséquence ; si au contraire les propriétés vitales reprennent leur empire, l'être vivant guérit de sa maladie, cicatrise ses plaies, répare son organisme et rentre dans l'harmonie de ses fonctions. Dans les corps bruts, rien de semblable ne s'observe ; ces corps restent immuables comme la mort dont ils sont l'image. De là une distinction profonde entre les sciences qu'il nomme vitales et celles qu'il appelle non vitales. Les propriétés physico-chimiques étant fixes, constantes, les lois des sciences qui en traitent sont également constantes et invariables ; on peut les prévoir, les calculer avec certitude. Les propriétés vitales ayant pour caractère essentiel l'instabilité, toutes les fonctions vitales étant susceptibles d'une foule de variétés, on ne peut rien prévoir, rien calculer dans leurs phénomènes. D'où il faut conclure, dit Bichat, « que des lois absolument différentes président à l'une et à l'autre classe de phénomènes. »

Telle est, dans ses grands traits et avec ses conséquences, la doctrine des propriétés vitales, qui a longtemps dominé dans l'école malgré les justes critiques dont elle est passible. Nous allons examiner brièvement si la division des phénomènes en deux grands groupes, telle que l'établit la doctrine dont Bichat s'est fait l'éloquent défenseur, est bien fondée, et si elle ne serait pas plutôt une conception systématique que l'expression de la vérité. D'abord est-il vrai que les corps de la nature inorganique soient éternels et que les corps vivants seuls soient périssables ; n'y aurait-il pas entre eux de simples différences de degrés qui nous font illusion par leur grande disproportion ? Il est certain par exemple que la vie d'un éléphant peut paraître l'éternité par rapport à la vie d'un éphémère, et quand nous considérons la vie de l'homme relativement à la durée du milieu cosmique qu'il habite, elle doit nous paraître un instant dans l'infini du temps. Les anciens ont pensé ainsi : ils opposaient le monde vivant, où tout est sujet au changement et à la mort, au monde sidéral, immuable et incorruptible.

Cette doctrine de l'incorruptibilité des cieux a régné jusqu'au XVIIe siècle. Les premières lunettes permirent alors de constater l'apparition d'une nouvelle étoile dans la constellation du Serpentaire ; ce changement dans le ciel, accompli pour ainsi dire sous les yeux de l'observateur, commença d'ébranler la croyance des anciens : *materiam cœli esse inalterabilem.* Aujourd'hui l'esprit des astronomes est familiarisé avec l'idée d'une mobilité et d'une évolution continuelle du monde sidéral. « Les astres n'ont pas toujours existé, dit M. Faye ; ils ont eu une période de formation ; ils auront pareillement une période de déclin, suivie d'une extinction finale. » L'éternité des corps sidéraux invoquée par Bichat n'est donc pas réelle ; ils ont une évolution comme les corps vivants, évolution lente, si on la compare à notre vie pressée, évolution qui embrasse une durée hors de proportion avec celle que nous sommes habitués à considérer autour de nous. D'un autre côté, les astronomes, avant de connaître les lois des mouvements des corps célestes, avaient imaginé des puissances, des forces sidérales, comme les physiologistes reconnaissaient des forces et des puissances vitales. Kepler lui-même admettait un *esprit recteur sidéral* par l'influence duquel « les planètes suivent dans l'espace des courbes savantes sans heurter les astres qui fournissent d'autres carrières, sans troubler l'harmonie réglée par le divin géomètre.

Si les corps vivants ne sont pas seuls soumis à la loi d'évolution, la faculté de se régénérer, de se cicatriser, ne leur est pas non plus exclusive, quoique ce soit sur eux qu'elle se manifeste plus activement. Chacun sait qu'un organisme vivant, quand il a été mutilé, tend à se refaire suivant les lois de sa morphologie spéciale : la blessure se cicatrise dans l'animal et dans la plante, la perte de substance se comble, et l'être se rétablit dans sa forme et son unité. Ce phénomène de reconstitution, de *rédintégration*, a profondément frappé les philosophes naturalistes, et ils ont beaucoup insisté sur cette tendance de la vie à l'individualité, qui fait de l'être vivant un tout harmonique, une sorte de petit monde dans le grand. Quand l'harmonie de l'édifice organique est troublée, elle tend à se rétablir ; mais il n'est pas nécessaire d'invoquer, pour expliquer ces faits, une force, une propriété vitale en contradiction avec la physique. Les corps minéraux en effet se montrent doués de cette même unité morphologique, de cette même tendance à la rétablir. Les cristaux comme les êtres vivants ont leurs formes, leur plan particulier, et ils sont susceptibles d'éprouver les actions perturbatrices du milieu ambiant. La force physique qui range les particules cristallines suivant les lois d'une savante géométrie a des résultats analogues à celle qui range la substance organisée sous la forme d'un animal ou d'une plante. M. Pasteur a signalé des faits de cicatrisation, de rédintégration cristalline, qui méritent toute notre attention. Il étudia certains cristaux et les soumit à des mutilations qu'il a vues se réparer très rapidement et très régulièrement. Il résulte de l'ensemble de ses recherches que « lorsqu'un cristal a été brisé sur l'une quelconque de ses parties et qu'on le replace dans son eau-mère, on voit, en même temps que le cristal s'agrandit dans tous les sens par un dépôt de particules cristallines, un travail très actif avoir lieu sur la partie brisée ou déformée, et en quelques heures il a satisfait, non-seulement à la régularité du travail général sur toutes les parties du cristal, mais au rétablissement de la régularité dans la partie mutilée. » Ces faits remarquables de rédintégration cristalline se rapprochent complètement de ceux que présentent les êtres vivants lorsqu'on leur fait une plaie plus ou moins profonde. Dans le cristal comme dans l'animal, la partie endommagée se cicatrise, reprend peu à peu sa forme primitive, et dans les deux cas le travail de reformation des tissus est en cet endroit bien plus actif que dans les conditions évolutives ordinaires.

Les brèves considérations que nous venons d'exposer et que nous pourrions développer à l'infini nous semblent suffisantes pour montrer que la ligne profonde de démarcation que les vitalistes ont voulu établir entre les corps bruts au point de vue de leur durée, de leur évolution et de leur rédintégration formative, n'est pas fondée. Quant à la lutte qu'ils ont supposée entre les forces ou les propriétés physiques et les forces ou les propriétés vitales, elle est l'expression d'une erreur profonde.

La doctrine des propriétés vitales enseigne qu'on ne trouve dans les corps bruts qu'un seul ordre de propriétés, les propriétés physiques, et que dans les corps vivants on en rencontre deux espèces, les propriétés physiques et les propriétés vitales, constamment en lutte, en antagonisme et tendant à prédominer les unes sur les autres. « Pendant la vie, dit Bichat, les propriétés physiques, enchaînées par les propriétés vitales, sont sans cesse retenues dans les phénomènes qu'elles tendraient à produire. » Il résultera logiquement de cet antagonisme que plus les propriétés vitales auront d'empire et domineront dans un organisme vivant, plus les propriétés physicochimiques y seront vaincues et atténuées, et que, réciproquement, les propriétés vitales s'y montreront d'autant plus affaiblies que les propriétés physiques acquerront plus de puissance. C'est précisément la proposition contraire qui exprime la vérité, et cette vérité a été surabondamment démontrée par les travaux de Lavoisier et de ses successeurs. La vie est au fond l'image d'une combustion, et la combustion n'est elle-même qu'une série de phénomènes chimiques, auxquels sont reliées d'une manière directe des manifestations calorifiques lumineuses et vitales. Qu'on supprime de l'atmosphère l'oxygène, l'agent des combustions, aussitôt la flamme s'éteint, aussitôt la vie s'arrête. Si l'on vient à diminuer ou à augmenter la quantité du gaz comburant, les phénomènes vitaux aussi bien que les phénomènes chimiques de combustion seront exaltés ou atténués dans la même proportion. Ce n'est donc pas un antagonisme qu'il faut voir entre les phénomènes chimiques et les manifestations vitales ; c'est au contraire un parallélisme parfait, une liaison harmonique et nécessaire. Dans toute la série des êtres organisés, l'intensité des manifestations vitales est dans un rapport direct avec l'activité des manifestations chimiques organiques. De tous côtés, les preuves se présentent d'elles-mêmes. Quand l'homme ou l'animal est saisi par le froid, les phénomènes chimiques de combustion organique s'abaissent d'abord ; puis les mouvements se ralentissent, la sensibilité, l'intelligence, s'émoussent et disparaissent, l'engourdissement est complet. Au réveil de cette léthargie, les fonctions vitales reprennent, mais toujours parallèlement à la réapparition des phénomènes chimiques. Quand la vie se suspend chez un infusoire desséché et qu'elle se rétablit sous l'influence de quelques gouttes d'eau, ce n'est pas que la dessiccation ait attaqué la vie ou les propriétés vitales, c'est parce que l'eau nécessaire à la réalisation des phénomènes physiques et chimiques fait défaut à l'organisme. Quand Spallanzani a ressuscité, en les humectant, des rotifères desséchés depuis trente ans, il a simplement fait reparaître dans leur corps les phénomènes physiques et chimiques qui s'y étaient arrêtés pendant trente années. L'eau n'a apporté rien autre chose, ni force ni principe.

Comment pourrions-nous comprendre un antagonisme, une opposition entre les propriétés des corps vivants et celles des corps bruts, puisque les éléments constituants de ces deux ordres de corps sont les mêmes ? Buffon, voulant s'expliquer la différence des êtres organisés et des êtres inorganiques, avait été logique en supposant chez les premiers une substance organique élémentaire spéciale dont seraient dépourvus les seconds. La chimie a complètement renversé cette hypothèse en prouvant que tous les corps vivants sont exclusivement formés d'éléments minéraux empruntés au milieu cosmique. Le corps de l'homme, le plus complexe des corps vivants, est matériellement constitué par quatorze de ces éléments. On comprend bien que ces quatorze corps simples puissent, en s'unissant, en se combinant de toutes les manières, engendrer des combinaisons infinies et former des composés doués des propriétés les plus variées ; mais ce qu'on ne concevrait pas, c'est que ces propriétés fussent d'un autre ordre ou d'une autre essence que ces combinaisons elles-mêmes.

En résumé, l'opposition, l'antagonisme, la lutte admise entre les phénomènes vitaux et les phénomènes physico-chimiques par l'école vitaliste est une erreur dont les découvertes de la physique et de la chimie modernes ont fait amplement justice.

Il y a plus, la doctrine vitaliste ne repose pas seulement sur des hypothèses fausses, sur des faits erronés ; elle est par sa nature contraire à l'esprit scientifique. En voulant créer deux ordres de sciences, les unes pour les corps bruts, les autres pour les corps vivants, cette doctrine aboutit purement et simplement à nier la science elle-même. Bichat, nous le savons déjà, pose en principe que les lois des sciences physiques sont absolument opposées aux lois des sciences vitales. Dans les premières, tout serait fixe et invariable ; dans les secondes, tout serait variable et inconstant. La divergence entre ces deux ordres de sciences doit les laisser étrangères les unes aux autres et les rendre incapables de se prêter aucun secours. C'est la conclusion à laquelle arrive nécessairement Bichat. « Comme les sciences physiques et chimiques, dit-il, ont été perfectionnées avant les physiologiques, on a cru éclaircir les unes en y associant les autres ; on les a embrouillées. C'était inévitable, car appliquer les sciences physiques à la physiologie, c'est expliquer par les lois des corps inertes les phénomènes des corps vivants. Or voilà un principe faux ; donc toutes les conséquences doivent être marquées au même coin. » Si maintenant nous demandons quels sont les caractères propres à cette science des êtres vivants, Bichat nous répond : « C'est une science dont les lois sont, comme les fonctions vitales elles-mêmes, susceptibles d'une foule de variétés, qui échappe à toute espèce de calcul, dans laquelle on ne peut rien prévoir ou prédire, dans laquelle nous n'avons que des approximations le plus souvent incertaines. » Ce sont là des hérésies scientifiques d'une énormité telle qu'on aurait de la peine à les comprendre, si l'on ne voyait comment la logique d'un système a dû fatalement y conduire. Reconnaître que les phénomènes vitaux ne sauraient être soumis à aucune loi précise, à aucune condition fixe et déterminée, et admettre que ces phénomènes ainsi définis constituent une science vitale qui elle-même a pour caractère d'être vague et incertaine, c'est abuser étrangement du mot *science*. Il semble qu'il n'y ait rien à répondre à de pareils raisonnements, parce qu'ils ne sont eux-mêmes que la négation et l'absence de tout esprit scientifique.

Cependant que de fois n'a-t-on pas reproduit des arguments analogues, combien de médecins ont professé que la physiologie et la médecine ne seraient jamais que des demi-sciences, des sciences conjecturales, parce qu'on ne pourrait jamais saisir le principe de la vie ou le génie secret des maladies ! Ces affirmations, qui viennent encore retentir à nos oreilles comme des échos lointains de doctrines surannées, ne sauraient plus nous arrêter. Descartes, Leibniz, Lavoisier, nous ont appris que la matière et ses lois ne diffèrent pas dans les corps vivants et dans les corps bruts ; ils nous ont montré qu'il n'y a au monde qu'une seule mécanique, une seule physique, une seule chimie, communes à tous les êtres de la nature. Il n'y a donc pas deux ordres de sciences. Toute science digne de ce nom est celle qui, connaissant les lois précises des phénomènes, les prédit sûrement et les maîtrise quand ils sont à sa portée. Tout ce qui reste en dehors de ce caractère n'est qu'empirisme ou ignorance, car il ne saurait y avoir des demi-sciences ni des sciences conjecturales. C'est une erreur profonde de croire que dans les corps vivants nous ayons à nous préoccuper de l'essence même et du principe de la vie. Nous ne pouvons remonter au principe de rien, et le physiologiste n'a pas plus affaire avec le principe de la vie que le chimiste avec le principe de l'affinité des corps. Les causes premières nous échappent partout, et partout également nous ne pouvons atteindre que les causes immédiates des phénomènes. Or ces causes immédiates, qui ne sont que les conditions mêmes des phénomènes, sont susceptibles d'un déterminisme aussi rigoureux dans les sciences des corps vivants que dans les sciences des corps bruts. Il n'y a aucune différence scientifique dans tous les phénomènes de la nature, si ce n'est la complexité ou la délicatesse des conditions de leur manifestation qui les rendent plus ou moins difficiles à distinguer et à préciser. Tels sont les principes qui doivent nous diriger. Aussi conclurons-nous sans hésiter que la dualité établie par l'école vitaliste dans les sciences des corps bruts et des corps vivants est absolument contraire à la science elle-même. L'unité règne dans tout son domaine. Les sciences des corps vivants et celles des corps bruts ont pour base les mêmes principes et pour moyens d'études les mêmes méthodes d'investigation.

III

Si les doctrines vitalistes ont succombé par l'erreur essentielle de leur principe de dualisme ou d'antagonisme entre la nature vivante et la nature inorganique, le problème subsiste toujours. Nous avons à répondre à cette question séculaire : qu'est-ce que la vie ? ou encore à cette autre : qu'est-ce que-la mort ? car ces deux questions sont étroitement liées et ne sauraient être séparées l'une de l'autre.

L'être vivant est essentiellement caractérisé par *la nutrition.* L'édifice organique est le siège d'un perpétuel mouvement nutritif, mouvement intestin qui ne laisse de repos à aucune partie ; chacune, sans cesse ni trêve, s'alimente dans le milieu qui l'entoure et y rejette ses déchets et ses produits. Cette rénovation moléculaire est insaisissable pour le regard direct ; mais, comme nous voyons le début et la fin, l'entrée et la sortie des substances, nous en concevons les phases intermédiaires, et nous nous représentons un courant de matières qui traverse continuellement l'organisme et le renouvelle dans sa substance en le maintenant dans sa forme. Ce mouvement, qu'on a appelé le *tourbillon vital*, le *circulus matériel* entre le monde organique et le monde inorganique, existe chez la plante aussi bien que chez l'animal, ne s'interrompt jamais et devient la condition et en même temps la cause immédiate de toutes les autres manifestations vitales. L'universalité d'un tel phénomène, la constance qu'il présente, sa nécessité, en font le caractère fondamental de l'être vivant, le signe plus général de la vie. On ne sera donc pas étonné que quelques physiologistes aient été tentés de le prendre pour définir la vie elle-même.

Toutefois ce phénomène n'est pas simple ; il importe de l'analyser, d'en pénétrer plus profondément le mécanisme, afin de préciser l'idée que son examen superficiel peut nous donner de la vie. Le mouvement nutritif comprend deux opérations distinctes, mais connexes et inséparables : l'une par laquelle la matière inorganique est fixée ou incorporée aux tissus vivants comme partie intégrante, l'autre par laquelle elle s'en sépare et les abandonne. Ce double mouvement incessant n'est en définitive qu'une alternative perpétuelle de *vie* et de *mort*, c'est-à-dire de destruction et de renaissance des parties constituantes de l'organisme. Les vitalistes n'ont point compris la nutrition. Les uns, imbus de l'idée que la vie a pour essence de résister à la mort, c'est-à-dire aux forces physiques et chimiques, devaient croire naturellement que l'être vivant, arrivé à son plein développement, n'avait plus qu'à se maintenir dans l'équilibre le plus stable possible en neutralisant l'influence destructive des agents extérieurs ; les autres, comprenant mieux le phénomène et appréciant la perpétuelle mutation de l'organisme, ont refusé d'admettre que ce mouvement de rénovation moléculaire fût produit par les forces générales de la nature, et ils l'ont attribué à une force vitale. Ni les uns ni les autres n'ont vu que c'était précisément la destruction organique, opérée sous l'influence des forces physiques et chimiques générales, qui provoque le mouvement incessant d'échange et devient ainsi la cause de la réorganisation.

Les actes de destruction organique ou de désorganisation se révèlent immédiatement à nous ; les signes en sont évidents, ils éclatent au dehors et se répètent à chaque manifestation vitale. Les actes d'assimilation ou d'organisation au contraire restent tout intérieurs et n'ont presque point d'expression phénoménale ; ils président à une synthèse organique qui rassemble d'une manière silencieuse et cachée les matériaux qui seront dépensés plus tard dans les manifestations bruyantes de la vie. C'est une vérité bien remarquable et bien essentielle à saisir que ces deux phases du *circulus* nutritif se traduisent si différemment, l'organisation restant latente et la désorganisation ayant pour signe sensible tous les phénomènes de la vie. Ici l'apparence nous trompe, comme presque toujours ; ce que nous appelons phénomène de vie est au fond un phénomène de mort organique.

Les deux facteurs de la nutrition sont donc l'assimilation et la désassimilation, autrement dit l'*organisation* et la *désorganisation*. La désassimilation accompagne toujours la manifestation vitale. Quand chez l'homme et chez l'animal un mouvement survient, une partie de la substance active du muscle se détruit et se brûle ; quand la sensibilité et la volonté se manifestent, les nerfs s'usent, quand la pensée s'exerce, le cerveau se consume, etc. On peut ainsi dire que jamais la même matière ne sert deux fois à la vie. Lorsqu'un acte est accompli, la parcelle de matière vivante qui a servi à le produire n'est plus. Si le phénomène reparaît, c'est une matière nouvelle qui lui a prêté son concours. L'usure moléculaire est toujours proportionnée à l'intensité des manifestations vitales. L'altération matérielle est d'autant plus profonde ou considérable que la vie se montre plus active. La désassimilation rejette de la profondeur de l'organisme des substances d'autant plus oxydées par la combustion vitale que le fonctionnement des organes a été plus énergique. Ces oxydations ou combustions engendrent la chaleur animale, donnent naissance à l'acide carbonique qui s'exhale par le poumon, et à différents produits qui s'éliminent par les autres émonctoires de l'économie. Le corps s'use, éprouve une consomption et une perte de poids qui traduisent et mesurent l'intensité de ses fonctions. Partout, en un mot, la destruction physico-chimique est unie à l'activité fonctionnelle, et nous pouvons regarder comme un axiome physiologique la proposition suivante : *toute manifestation d'un phénomène dans l'être vivant est nécessairement liée à une destruction organique.*

Une telle loi, qui enchaîne le phénomène qui se produit à la matière qui se détruit, ou, pour mieux dire, à la substance qui se transforme, n'a rien qui soit spécial au monde vivant ; la nature physique obéit à la même règle.

Un être vivant qui est dans la plénitude de son activité fonctionnelle ne nous manifeste donc pas l'énergie plus grande d'une force vitale mystérieuse ; il nous offre simplement dans son organisme la pleine activité des phénomènes chimiques de combustion et de destruction organique. Quand Cuvier nous dépeint la vie s'épanouissant dans le corps d'une jeune femme, il a tort de croire avec les vitalistes que les forces ou les propriétés physiques et chimiques sont alors domptées ou maintenues par la force vitale. Au contraire, toutes les forces physiques sont déchaînées, l'organisme brûle et se consume plus vivement, et c'est pour cela même que la vie brille de tout son éclat.

Stahl a dit avec raison que les phénomènes physiques et chimiques détruisent le corps vivant et le conduisent à la mort ; mais la vérité lui a échappé pour ne pas avoir vu que les phénomènes de destruction vitale sont eux-mêmes les instigateurs et les précurseurs de la rénovation matérielle qui se dérobe à nos yeux dans l'intimité des tissus. En même temps en effet que les phénomènes de combustion se traduisent avec éclat par les manifestations vitales extérieures, le processus formatif s'opère dans le silence de la vie végétative. Il n'a d'autre expression que lui-même, c'est-à-dire qu'il ne se révèle que par l'organisation et la réparation de l'édifice vivant. On a dès l'antiquité comparé la vie à un flambeau. Cette métaphore est devenue de nos jours, grâce à Lavoisier, une vérité. L'être qui vit est comme le flambeau qui brûle ; le corps s'use, la matière du flambeau se détruit ; l'un brille de la flamme physique, l'autre brille de la flamme vitale. Toutefois, pour que la comparaison fût rigoureuse, il faudrait concevoir un flambeau physique capable de durer, qui se renouvelât et se régénérât comme le flambeau vital. La combustion physique est un phénomène isolé, en quelque sorte accidentel, n'ayant dans la nature de liaisons harmoniques qu'avec lui-même. La combustion vitale au contraire suppose une régénération corrélative, phénomène de la plus haute importance dont il nous reste à tracer les caractères principaux.

Le mouvement de régénération ou de synthèse organique nous offre deux modes principaux. Tantôt la synthèse assimile la substance ambiante pour en faire des principes nutritifs, tantôt elle en forme directement les éléments des tissus. C'est ainsi que nous voyons, à côté de la formation des produits immédiats de la synthèse chimique, apparaître des phénomènes de mues ou de rénovations histologiques, tantôt continues, tantôt périodiques. Les phénomènes de régénération, de rédintégration, de réparation, qui se montrent chez l'individu adulte sont de la même nature que les phénomènes de génération et d'évolution par lesquels l'embryon constitue à l'origine ses organes et ses éléments anatomiques. L'être vivant est donc caractérisé à la fois par la génération et par la nutrition ; il faut réunir et confondre ces deux ordres de phénomènes, et, au lieu d'en créer deux catégories distinctes, nous en faisons un acte unique dont l'essence et les mécanismes sont tout pareils. C'est dans cette pensée que l'on a pu dire avec raison que *la nutrition n'était qu'une génération continuée.* Synthèse organique, génération, régénération, rédintégration et même cicatrisation sont des aspects du même phénomène, des manifestations variées d'un même agent, le *germe.*

Le germe est l'agent d'organisation et de nutrition par excellence ; il attire autour de lui la matière cosmique et l'organise pour constituer l'être nouveau. Toutefois le germe ne peut manifester sa puissance organisatrice qu'en opérant lui-même des combustions, des destructions organiques. C'est pourquoi il s'enferme dès son origine dans une cellule, la cellule de l'œuf, et s'y entoure de matériaux nutritifs élaborés qu'on appelle le *vitellus.*

La cellule-œuf, ainsi constituée par le germe et le vitellus, développe l'organisme nouveau en se segmentant et se divisant à l'infini en une quantité innombrable de cellules pourvues elles-mêmes d'un germe de nutrition. Ce germe cellulaire, qu'on appelle le *noyau* de la cellule, attire et élabore autour de lui les matériaux nutritifs spéciaux destinés aux combustions fonctionnelles de chacun des éléments de nos tissus ou de nos organes. Lorsque des phénomènes de rédintégration naturels ou accidentels surviennent, lorsqu'un nerf coupé par exemple se régénère et reprend ses fonctions, ce sont encore ces noyaux cellulaires qui, à l'instar du germe primordial dont ils dérivent, se divisent, se multiplient, pour reconstituer chez l'adulte les tissus nouveaux en répétant identiquement les procédés de la formation embryonnaire.

Tous les phénomènes si variés de régénération et de synthèse organiques ont pour caractère distinctif, nous l'avons déjà dit, d'être en quelque sorte invisibles à l'extérieur. Au silence qui se fait dans un œuf en incubation on ne pourrait soupçonner l'activité qui s'y déploie et l'importance des phénomènes qui s'y accomplissent ; c'est l'être nouveau qui en sortant nous dévoilera par ses manifestations vitales les merveilles de ce travail lent et caché.

Il en est de même de toutes nos fonctions ; chacune a pour ainsi dire son incubation organisatrice. Quand un acte vital se produit extérieurement, ses conditions s'étaient dès longtemps rassemblées dans cette élaboration silencieuse et profonde qui prépare les causes de tous les phénomènes. Il importe de ne pas perdre de vue ces deux phases du travail physiologique. Quand on veut modifier les actions vitales, c'est dans leur évolution cachée qu'il faut les atteindre ; lorsque le phénomène éclate, il est trop tard. Ici, comme partout, rien n'arrive par un brusque hasard ; les événements les plus soudains en apparence ont eu leurs causes latentes. L'objet de la science est précisément de découvrir ces causes élémentaires afin de pouvoir les modifier et maîtriser ainsi l'apparition ultérieure des phénomènes.

En résumé, nous distinguerons dans le corps vivant deux, grands groupes de phénomènes inverses : les phénomènes *fonctionnels* ou de dépense vitale, les phénomènes *organiques* ou de concentration vitale. La vie se maintient par deux ordres d'actes entièrement opposés dans leur nature : la combustion désassimilatrice, qui use la matière vivante dans les organes en fonction, la synthèse assimilatrice, qui régénère les tissus dans les organes en repos. Les agents de ces deux genres de phénomènes ne sont pas moins différents. La combustion vitale emprunte à l'extérieur l'agent général des combustions, l'oxygène, et à son défaut les *ferments* dont l'action désassimilatrice peut intervenir dans les profondeurs de l'organisme où l'air ne pénètre pas. La synthèse organisatrice au contraire possède un agent spécial, le germe proprement dit, ou les noyaux de cellules, germes secondaires qui en sont des émanations et qui se trouvent répandus dans toutes les parties élémentaires du corps vivant. Les conditions de la désassimilation fonctionnelle et celles de l'assimilation organique sont également séparées. Les mêmes agents de combustion qui usent l'édifice organique pendant la vie continuent à le détruire après la mort lorsque les phénomènes de régénération se sont éteints dans l'organisme. Il en résulte que tous les phénomènes fonctionnels accompagnés de combustion, de fermentation ou de dissociation organique peuvent s'accomplir aussi bien au dehors qu'au dedans des corps vivants. Grâce à cette circonstance, le physiologiste peut analyser les mécanismes vitaux à l'aide de l'expérimentation. Dans un organisme mutilé, il entretient artificiellement la respiration, la circulation, la digestion, etc., et il étudie les propriétés des tissus vivants séparés du corps. Dans ces parties disloquées, le muscle se contracte, la glande sécrète, le nerf conduit les excitations absolument comme pendant la vie ; toutefois, si les tissus isolés de l'ensemble de leurs conditions organiques peuvent s'user et fonctionner encore, ils ne peuvent plus se régénérer ; c'est pourquoi leur mort définitive devient alors inévitable. Les phénomènes de rénovation organique, contrairement aux phénomènes de combustion fonctionnelle, ne peuvent se manifester que dans le corps vivant, et chacun dans un lieu spécial ; aucun artifice n'a pu jusqu'à présent suppléer à ces conditions essentielles de l'activité des germes, d'être en leur place dans l'édifice du corps vivant.

Si on se fondait sur les différences profondes que nous venons d'indiquer pour assigner dans l'économie un rôle vital indépendant à la combustion et à la régénération organique, on se tromperait grandement, car les deux ordres de phénomènes sont tellement solidaires dans l'acte de la nutrition, qu'ils ne sont pour ainsi dire distincts que dans l'esprit ; dans la nature, ils sont inséparables. Tout être vivant, animal ou végétal, ne peut manifester ses fonctions que par l'exercice simultané de la combustion vitale et de la synthèse organique. C'est sur ce terrain que devront se réunir et se concilier les écoles chimiques et anatomiques, car la solution du problème physiologique de la vie exige leur double concours.

IV

Nous avons poursuivi le phénomène caractéristique de la vie, la nutrition, jusque dans ses manifestations intimes ; voyons quelle conclusion cette étude peut nous fournir relativement à la solution du problème tant de fois essayé de la *définition de la vie.* Si nous voulions exprimer que toutes les fonctions vitales sont la conséquence nécessaire d'une combustion organique, nous répéterions ce que nous avons déjà énoncé : *la vie c'est la mort*, la destruction des tissus, ou bien nous dirions avec

Buffon : la vie est un minotaure, elle dévore l'organisme. Si au contraire nous voulions insister sur cette seconde face du phénomène de la nutrition, que la vie ne se maintient qu'à la condition d'une constante régénération des tissus, nous regarderions la vie comme une *création* exécutée au moyen d'un acte plastique et régénérateur opposé aux manifestations vitales. Enfin, si nous voulions comprendre les deux faces du phénomène, l'organisation et la désorganisation, nous nous rapprocherions de la définition de la vie donnée par de Blainville : « la vie est un double mouvement interne de décomposition à la fois général et continu. » Plus récemment Herbert-Spencer a proposé la définition suivante : « la vie est la combinaison définie de changements hétérogènes à la fois simultanés et successifs ; » sous cette définition abstraite, le philosophe anglais veut surtout indiquer l'idée d'évolution et de succession qu'on observe dans les phénomènes vitaux. De telles définitions, tout incomplètes qu'elles soient, auraient au moins le mérite d'exprimer un aspect de la vie : elles ne seraient point purement verbales, comme celle de l'*Encyclopédie* : « la vie est le contraire de la mort, » ou encore celle de Béclard : « la vie est l'organisation en action, » celle de Dugès : « la vie est l'activité spéciale des êtres organisés, » ce qui revient à dire : la vie, c'est la vie. Kant a défini la vie : « un principe intérieur d'action. » Cette définition, qui rappelle l'idée d'Hippocrate, a été adoptée par Tiedemann et par d'autres physiologistes. Il n'y a en réalité pas plus de principe intérieur d'activité dans la matière vivante que dans la matière brute. Les phénomènes qui se passent dans les minéraux sont certainement sous la dépendance des conditions atmosphériques extérieures ; mais il en est de même de l'activité des plantes et des animaux à sang froid. Si l'homme et les animaux à sang chaud paraissent libres et indépendants dans leurs manifestations vitales, cela tient à ce que leur corps présente un mécanisme plus parfait qui lui permet de produire de la chaleur en quantité telle qu'il n'a pas besoin de l'emprunter nécessairement au milieu ambiant. En un mot, la spontanéité de la matière vivante n'est qu'une fausse apparence. Il y a constamment des principes extérieurs, des stimulants étrangers qui viennent provoquer la manifestation des propriétés d'une matière toujours également inerte par elle-même.

Nous bornerons ici ces citations, que nous pourrions multiplier à l'infini sans trouver une seule définition complètement satisfaisante de la vie. Pourquoi en est-il ainsi ? C'est qu'à propos de la vie il faut distinguer le mot de la chose elle-même. Pascal, qui a si bien connu toutes les faiblesses et toutes les illusions de l'esprit humain, fait remarquer qu'en réalité les vraies définitions ne sont que des créations de notre esprit, c'est-à-dire des *définitions de noms* ou des conventions pour abréger le discours ; mais il reconnaît des mots primitifs que l'on comprend sans qu'il soit besoin de les définir.

Or le mot *vie* est dans ce cas. Tout le monde s'entend quand on parle de la vie et de la mort. Il serait d'ailleurs impossible de séparer ces deux termes ou ces deux idées corrélatives, car ce qui vit, c'est ce qui mourra, ce qui est mort, c'est ce qui a vécu. Quand il s'agit d'un phénomène de la vie comme de tout phénomène de la nature, la première condition est de le connaître ; la définition ne peut être donnée qu'*a posteriori*, comme conclusion résumée d'une étude préalable ; mais ce n'est plus là, à proprement parler, une définition ; c'est une vue, une conception. Il s'agira donc pour nous de savoir quelle conception nous devons nous former des phénomènes de la vie aujourd'hui dans l'état actuel de nos connaissances physiologiques.

Cette conception a varié nécessairement avec les époques et suivant les progrès de la science. Au commencement de ce siècle, un physiologiste français, Le Gallois, publiait encore un volume d'expériences : *sur le Principe de la vie et sur le siège de ce principe.* On ne cherche plus maintenant le siège de la vie ; on sait qu'elle réside partout dans toutes les molécules de la matière organisée. Les propriétés vitales ne sont en réalité que dans les cellules vivantes, tout le reste n'est qu'arrangement et mécanisme. Les manifestations si variées de la vie sont des expressions mille et mille fois combinées et diversifiées de propriétés organiques élémentaires fixes et invariables. Il importe donc moins de connaître l'immense variété des manifestations vitales que la nature semble ne pouvoir jamais épuiser que de déterminer rigoureusement les propriétés de tissus qui leur donnent naissance. C'est pourquoi aujourd'hui tous les efforts de la science sont dirigés vers l'étude histologique de ces infiniment petits qui recèlent le véritable secret de la vie.

Aussi loin que nous descendions aujourd'hui dans l'intimité des phénomènes propres aux êtres vivants, la question qui se présente à nous est toujours la même. C'est la question qui a été posée dès l'antiquité au début même de la science : la vie est-elle due à une puissance, à une force particulière, ou n'est-elle qu'une modalité des forces générales de la nature ? en d'autres termes, existe-t-il dans les êtres vivants une force spéciale qui soit distincte des forces physiques, chimiques ou mécaniques ? Les vitalistes se sont toujours retranchés dans l'impossibilité d'expliquer physiquement ou mécaniquement tous les phénomènes de la vie ; leurs adversaires ont toujours répondu en réduisant un plus grand nombre de manifestations vitales à des explications physico-chimiques bien démontrées. Il faut avouer que ces derniers ont constamment gagné du terrain et qu'à notre époque surtout ils en gagnent chaque jour de plus en plus. Arriveront-ils ainsi à tout ramener à leurs théories et ne restera-t-il pas malgré leurs efforts un *quid proprium* de la vie qui sera irréductible ? C'est le point qu'il s'agit d'examiner. En analysant avec soin tous les phénomènes vitaux dont l'explication appartient aux forces physiques et chimiques, nous refoulerons le vitalisme dans un domaine plus circonscrit et dès lors plus facile à déterminer.

Des deux ordres de phénomènes nutritifs qui constituent essentiellement la vie et qui sont l'origine de toutes ses manifestations sans exception, il en est un, celui de la destruction, de la désassimilation organique, qui rentre complètement dès maintenant dans les actions chimiques ; ces décompositions dans les êtres vivants n'ont rien de plus ou moins mystérieux que celles qui nous sont offertes par les corps inorganiques. Quant aux phénomènes de genèse organisatrice et de régénération nutritive, ils paraissent au premier abord d'une nature vitale tout à fait spéciale, irréductibles aux actions chimiques générales ; mais ce n'est encore là qu'une apparence, et pour bien s'en rendre compte il faut considérer ces phénomènes sous le double aspect qu'ils présentent d'une synthèse chimique ordinaire et d'une évolution organique qui s'accomplit. En effet, la genèse vitale comprend des phénomènes de synthèse chimique arrangés, développés suivant un ordre particulier qui constitue leur évolution. Il importe de séparer les phénomènes chimiques en eux-mêmes de leur évolution, car ce sont deux choses tout à fait distinctes. En tant qu'actions synthétiques, il est évident que ces phénomènes ne relèvent que des forces chimiques générales ; en les examinant successivement un à un, on le démontre clairement. Les matières calcaires qu'ont rencontre dans les coquilles des mollusques, dans les œufs des oiseaux, dans les os des mammifères, sont bien certainement formées selon les lois de la chimie ordinaire pendant l'évolution de l'embryon. Les matières grasses et huileuses sont dans le même cas, et déjà la chimie est parvenue à reproduire artificiellement dans les laboratoires un grand nombre de principes immédiats et d'huiles essentielles, qui sont naturellement l'apanage du règne animal ou végétal. De même les matières amylacées qui se développent dans les animaux et qui se produisent par l'union du carbone et de l'eau sous l'influence du soleil dans les feuilles vertes des plantes, sont bien des phénomènes chimiques les mieux caractérisés. Si pour les matières azotées ou albuminoïdes les procédés de synthèse sont beaucoup plus obscurs, cela tient à ce que la chimie organique est encore trop peu avancée ; mais il est bien certain néanmoins que ces substances se forment par les procédés chimiques dans les organismes des êtres vivants. A la vérité, on peut dire que les agents des synthèses organiques, les germes et les cellules, constituent des agents tout à fait exceptionnels. On pourrait dire de même pour les phénomènes de désorganisation que les ferments sont aussi des agents particuliers aux êtres vivants. Je pense quant à moi que c'est là une loi générale et que les phénomènes chimiques dans l'organisme sont exécutés par des agents ou des procédés spéciaux ; mais cela ne change rien à la nature purement chimique des phénomènes qui s'accomplissent et des produits qui en sont la conséquence.

Après avoir examiné la synthèse chimique, arrivons à l'évolution organique. Les agents des phénomènes chimiques dans les corps vivants ne se bornent pas à produire des synthèses chimiques de matières extrêmement variées, mais ils les organisent et les approprient à l'édification morphologique de l'être nouveau. Parmi ces agents de la chimie vivante, le plus puissant et le plus merveilleux est sans contredit l'œuf, la cellule primordiale qui contient le germe, principe organisateur de tout le corps. Nous n'assistons pas à la création de l'œuf *ex nihilo*, il vient des parents, et l'origine de sa virtualité évolutive nous est cachée ; mais chaque jour la science remonte plus haut vers ce mystère. C'est par le germe, et en vertu de cette sorte de puissance évolutive qu'il possède, que s'établissent la perpétuité des espèces et la descendance des êtres ; c'est par lui que nous comprenons les rapports nécessaires qui existent entre les phénomènes de la nutrition et ceux du développement. Il nous explique la durée limitée de l'être vivant, car la mort doit arriver quand la nutrition s'arrête, non parce que les aliments font défaut, mais parce que l'enchaînement évolutif de l'être est parvenu à son terme, et que l'impulsion cellulaire organisatrice a épuisé sa vertu.

Le germe préside encore à l'organisation de l'être en formant, à l'aide des matières ambiantes, la substance vivante et en lui donnant les caractères d'instabilité chimique qui deviennent la cause des mouvements vitaux incessants qui se passent en elle. Les cellules, germes secondaires, président de la même façon à l'organisation cellulaire nutritive. Il est bien évident que ce sont des actions purement chimiques ; mais il est non moins clair que ces actions chimiques en vertu desquelles l'organisme s'accroît et s'édifie s'enchaînent et se succèdent en vue de ce résultat qui est l'organisation et l'accroissement de l'individu animal ou végétal. Il y a comme un dessin vital qui trace le plan de chaque être et de chaque organe, en sorte que, si, considéré isolément, chaque phénomène de l'organisme est tributaire des forces générales de la nature, pris dans leur succession et dans leur ensemble, ils paraissent révéler un lien spécial ; ils semblent dirigés par quelque condition invisible dans la route qu'ils suivent, dans l'ordre qui les enchaîne. Ainsi les actions chimiques synthétiques de l'organisation et de la nutrition se manifestent comme si elles étaient dominées par une force impulsive gouvernant la matière, faisant une chimie appropriée à un but et mettant en présence les réactifs aveugles des laboratoires, à la manière du chimiste lui-même. Cette puissance d'évolution immanente à l'ovule qui doit reproduire un être vivant embrasse à la fois, ainsi que nous le savons déjà, les phénomènes de génération et de nutrition ; les uns et les autres ont donc un caractère évolutif qui en est le fond et l'essence.

C'est cette puissance ou propriété évolutive que nous nous bornons à énoncer ici qui seule constituerait le *quid proprium* de la vie, car il est clair que cette propriété évolutive de l'œuf, qui produira un mammifère, un oiseau ou un poisson, n'est ni de la physique, ni de la chimie. Les conceptions vitalistes ne peuvent plus aujourd'hui planer sur l'ensemble de la physiologie. La force évolutive de l'œuf et des cellules est donc le dernier rempart du vitalisme ; mais en s'y réfugiant, il est aisé de voir que le vitalisme se transforme en une conception métaphysique et brise le dernier lien qui le rattache au monde physique, à la science physiologique. En disant que la vie est l'idée directrice ou *la force évolutive de l'être*, nous exprimons simplement l'idée d'une unité dans la succession de tous les changements morphologiques et chimiques accomplis par le germe depuis l'origine jusqu'à la fin de la vie. Notre esprit saisit cette unité comme une conception qui s'impose à lui, et il l'explique par une force ; mais l'erreur serait de croire que cette force métaphysique est active à la façon d'une force physique. Cette conception ne sort pas du domaine intellectuel pour venir réagir sur les phénomènes pour l'explication desquels l'esprit l'a créée ; quoique émanée du monde physique, elle n'a pas d'effet rétroactif sur lui. En un mot, la force métaphysique évolutive par laquelle nous pouvons caractériser la vie est inutile à la science, parce qu'étant en dehors des forces physiques elle ne peut exercer aucune influence sur elles. Il faut donc ici séparer le monde métaphysique du monde physique phénoménal qui lui sert de base, mais qui n'a rien à lui emprunter. Leibniz a exprimé cette délimitation dans des paroles que nous rappelions au début de cette étude ; la science la consacre aujourd'hui.

En résumé, si nous pouvons définir la vie à l'aide d'une conception métaphysique spéciale, il n'en reste pas moins vrai que les forces mécaniques, physiques et chimiques sont seules les agents effectifs de l'organisme vivant, et que le physiologiste ne peut avoir à tenir compte que de leur action. Nous dirons avec Descartes : on pense métaphysiquement, mais on vit et on agit physiquement.

Partie II

Étude sur la physiologie du cœur

Pour le physiologiste, le cœur est l'organe central de la circulation du sang, et à ce titre c'est un organe essentiel à la vie ; mais par un privilège singulier, qui ne s'est vu pour aucun autre appareil organique, le mot cœur est passé, comme les idées que l'on s'est faites de ses fonctions, dans le langage du physiologiste, dans le langage du poète, du romancier et de l'homme du monde, avec des acceptions fort différentes. Le cœur ne serait pas seulement un moteur vital qui pousse le liquide sanguin dans toutes les parties de notre corps qu'il anime ; le cœur serait aussi le siège et l'emblème des sentiments les plus nobles et les plus tendres de notre âme.

L'étude du cœur humain ne serait pas uniquement le partage de l'anatomiste et du physiologiste ; cette étude devrait aussi servir de base à toutes les conceptions du philosophe, à toutes les inspirations du poète et de l'artiste.

Il s'agira dans cette étude, bien entendu, du cœur anatomique, c'est-à-dire du cœur étudié au point de vue de la science physiologique purement expérimentale. Mais cette étude rapide que nous allons faire des fonctions du cœur devra-t-elle renverser les idées généralement reçues ? La physiologie devra-t-elle nous enlever des illusions, et nous montrer que le rôle sentimental que dans tous les temps, on a attribué au cœur n'est qu'une fiction purement arbitraire ? En un mot, aurons-nous à signaler une contradiction complète et péremptoire entre la science et l'art, entre le sentiment et la raison ?… Je ne crois pas, quant à moi, à la possibilité de cette contradiction.

La vérité ne saurait différer d'elle-même, et la vérité du savant ne saurait contredire la vérité de l'artiste. Je crois au contraire que la science qui coule de source pure deviendra lumineuse pour tous, et que partout la science et l'art doivent se donner la main en s'interprétant et en s'expliquant l'un par l'autre. Je pense enfin que, dans leurs régions élevées, les connaissances humaines forment une atmosphère commune à toutes les intelligences cultivées, dans laquelle l'homme du monde, l'artiste et le savant doivent nécessairement se rencontrer et se comprendre.

Dans ce qui va suivre, je ne chercherai donc pas à nier systématiquement au nom de la science tout ce que l'on a pu dire au nom de l'art sur le cœur comme organe destiné à exprimer nos sentiments et nos affections. Je désirerais au contraire, si j'ose ainsi dire, pouvoir affirmer l'art par la science en essayant d'expliquer par la physiologie ce qui n'a été jusqu'à présent qu'une simple intuition de l'esprit. Je forme, je le sais, une entreprise très difficile, peut-être même téméraire, à cause de l'état actuel encore si peu avancé de la science des phénomènes de la vie. Cependant la beauté de la question et les lueurs que la physiologie me semble déjà pouvoir y jeter, tout cela me détermine et m'encourage. Il ne s'agira pas d'ailleurs de parler ici de la physiologie du cœur en entrant dans tous les détails d'une étude analytique expérimentale complète et impossible pour le moment : c'est une simple tentative, et il me suffira d'exprimer mes idées physiologiques en les appuyant par les faits les plus clairs et les plus précis de la science. J'envisagerai ainsi la physiologie du cœur d'une manière générale, mais en m'attachant plus particulièrement aux points qui me semblent propres à éclairer la physiologie du cœur de l'homme.

I

Avant tout, le cœur est une machine motrice vivante, une véritable pompe foulante destinée à distribuer le fluide nourricier et excitateur des fonctions à tous les organes de notre corps. Ce rôle mécanique caractérise le cœur d'une manière absolue, et partout où le cœur existe, quel que soit le degré de simplicité ou de complication qu'il présente dans la série animale, il accomplit constamment et nécessairement cette fonction d'irrigateur organique.

Pour un anatomiste pur, le cœur de l'homme est un *viscère*, c'est-à-dire un des organes qui font partie des appareils de nutrition situés dans les cavités splanchniques. Tout le monde sait que le cœur est placé dans la poitrine, entre les deux poumons, qu'il a la forme d'un cône dont la base est fixée par de gros vaisseaux qui charrient le liquide sanguin, et dont la pointe libre est inclinée en bas et à gauche, de façon à venir se placer entre la cinquième et la sixième côte au-dessous du sein gauche. Quant à la nature du tissu qui le compose, le cœur rentre dans le système musculaire : il est creusé à l'intérieur de cavités qui servent de réservoir au sang ; c'est pourquoi les anatomistes ont encore appelé le cœur un muscle creux.

Dans le cœur de l'homme, on voit quatre compartiments ou cavités : deux cavités forment la partie supérieure ou base du cœur, appelées *oreillettes* et recevant le sang de toutes les parties du corps au moyen de gros tuyaux nommés *veines* ; deux cavités forment la partie inférieure ou la pointe du cœur, appelées *ventricules* et destinées à chasser le liquide sanguin dans toutes les parties du corps au moyen de gros tuyaux nommés *artères*. Chaque oreillette du cœur communique avec le ventricule qui est au-dessous d'elle du même côté ; mais une cloison longitudinale sépare latéralement les oreillettes et les ventricules, de telle sorte que le cœur de l'homme, qui est réellement double, se décompose en deux cœurs simples formés chacun d'une oreillette et d'un ventricule, et situés l'un à droite, l'autre à gauche de la cloison médiane. Chaque cavité ventriculaire du cœur est munie de deux soupapes appelées valvules. L'une, placée à l'orifice d'entrée du sang de l'oreillette dans le ventricule, est nommée valvule *auriculo-ventriculaire* ; l'autre, située à l'orifice de sortie du sang du ventricule par l'artère, s'appelle valvule *sygmoïde*.

Le cœur de l'homme, ainsi que celui des mammifères et des oiseaux, est donc un cœur anatomiquement double et composé de deux cœurs simples, appelés l'un le cœur droit, l'autre le cœur gauche. Chacun de ces cœurs a un rôle bien différent. Le cœur gauche, nommé encore cœur à sang rouge, est destiné à recevoir dans son oreillette par les veines pulmonaires le sang pur et rutilant qui vient des poumons, pour le faire passer ensuite dans son ventricule, qui le lance dans toutes les parties du corps, où il devient impur et noir. Le cœur droit, appelé aussi cœur à sang noir, est destiné à recevoir dans son oreillette par les veines caves le sang impur qui revient de toutes les parties du corps et à le faire passer ensuite dans son ventricule pour le lancer dans le poumon, où il devient pur et rutilant. En un mot, le cœur gauche est le cœur qui préside à la distribution du liquide vital dans tous nos organes et dans tous nos tissus, et le cœur droit est le cœur qui préside à la revivification du sang dans les poumons, pour le restituer au cœur gauche, et ainsi de suite.

Ces prémisses étant établies, nous n'aurons plus ici à considérer le cœur que comme un organe qui distribue la vie à toutes les parties de notre corps, parce qu'il leur envoie le liquide nourricier qui leur est indispensable pour vivre et manifester leurs fonctions. Quant au liquide nourricier, il est représenté par le sang lui-même, qui est sensiblement identique chez tous les animaux vertébrés, quelles que soient d'ailleurs la diversité de l'espèce animale et la variété de son alimentation. Dans les phénomènes extérieurs de la préhension des aliments, le zoologiste distingue le carnassier féroce qui se nourrit de chairs palpitantes, le ruminant paisible qui se repaît de l'herbe des prés, le frugivore et le granivore qui se nourrissent plus spécialement de fruits et de graines ; mais, quand on descend dans le phénomène intime de la nutrition, la physiologie générale nous apprend que ce qui se nourrit, à proprement parler, dans les animaux, ce n'est pas le type spécifique et individuel, qui varie à l'infini, mais seulement les organes élémentaires et les tissus, qui partout se détruisent et vivent d'une manière identique. La nature, suivant l'expression de Goethe, est un grand artiste.

Les animaux sont constitués par des matériaux organiques semblables ; c'est l'arrangement et la disposition relative des matériaux qui déterminent la variété de ces véritables monuments organisés, c'est-à-dire les formes et les propriétés animales spécifiques. De même, dans les monuments de l'homme, les matériaux se ressemblent par leurs propriétés physiques, et cependant l'arrangement différent peut réaliser des idées diverses et donner naissance à un palais ou à une chaumière. En un mot, le type spécifique existe, mais seulement à l'état d'une idée réalisée. Pour la physiologie, ce n'est pas le type animal qui vit et meurt, ce sont les matériaux organiques ou les tissus qui le composent ; de même, dans un édifice qui se dégrade, ce n'est pas le type idéal du monument qui se détériore, mais seulement les pierres qui le forment.

En physiologie générale, on ne saurait donc déduire de la grande variété d'alimentation des animaux aucune différence de nutrition organique essentielle. Chez l'homme et chez tous les animaux, les organes élémentaires et les tissus vivants sont sanguinaires, c'est-à-dire qu'ils se repaissent du sang dans lequel ils sont plongés. Ils y vivent comme les animaux aquatiques dans l'eau, et de même qu'il faut renouveler l'eau qui s'altère et perd ses éléments nutritifs, de même il faut renouveler, au moyen de la circulation, le sang qui perd son oxygène et se charge d'acide carbonique. Or c'est précisément là le rôle qui incombe au cœur. Le système du cœur gauche apporte aux organes, le sang qui les anime ; le système du cœur droit emporte le sang qui les a fait vivre un instant.

Quand en physiologie on veut comprendre les fonctions d'un organe, il faut toujours remonter aux propriétés vitales de la substance qui le compose ; c'est par conséquent dans les propriétés du tissu du cœur que nous pourrons trouver l'explication de ses fonctions. Cela ne nous offrira d'ailleurs aucune difficulté, car, ainsi que nous l'avons déjà dit, le cœur est un muscle, et il en possède toutes les propriétés physiologiques. Or il me suffira de rappeler que ce tissu charnu ou musculaire est constitué par des fibres qui ont la propriété de se raccourcir, c'est-à-dire de se contracter. Quand les fibres musculaires sont disposées de manière à former un muscle allongé dont les deux extrémités viennent s'insérer sur deux os articulés ensemble, l'effet nécessaire de la contraction ou du raccourcissement du muscle est de faire mouvoir les deux os l'un sur l'autre en les rapprochant ; mais quand les fibres musculaires sont disposées de manière à former les parois d'une poche musculaire, comme cela a lieu dans le cœur, l'effet nécessaire de la contraction du tissu musculaire est de rétrécir et de faire disparaître plus ou moins complètement la cavité en expulsant le contenu. Cela nous fera comprendre comment, à chaque contraction des cavités du cœur, le sang qu'elles contiennent se trouve expulsé suivant une direction déterminée par la disposition des valvules ou soupapes cardiaques. Quand l'oreillette se contracte, le sang est poussé dans le ventricule parce que la valvule auriculo-ventriculaire s'abaisse ; quand le ventricule se contracte, le sang est chassé dans les artères parce que la valvule sygmoïde ou artérielle s'abaisse pour laisser passer le liquide sanguin en même temps que la valvule auriculo-ventriculaire se relève pour empêcher le sang de refluer dans l'oreillette.

La contraction des cavités du cœur, qui les vide de sang, est suivie d'un relâchement pendant lequel de nouveau elles se remplissent de liquide sanguin, puis d'une nouvelle contraction qui les vide encore, et ainsi de suite. Il en résulte que le mouvement du cœur est constitué par une succession de mouvements alternatifs de contraction et de relâchement de ses cavités. On appelle *systole* le mouvement de contraction et *diastole* le mouvement de relâchement. Les quatre cavités du cœur se contractent et se relâchent successivement deux à deux : d'abord les deux oreillettes, puis les deux ventricules. Un intervalle de repos très court sépare la contraction des oreillettes de la contraction des ventricules, puis un intervalle un peu plus long succède à la contraction du ventricule. Il serait complètement hors de notre objet de décrire ici en détail le mécanisme de la circulation dans les différentes cavités du cœur. Dans nos explications ultérieures, nous aurons seulement à tenir compte du jeu du ventricule gauche, qui, ainsi que nous l'avons déjà dit, est le ventricule nourricier qui alimente et anime tous les organes du corps. Il nous suffira donc de dire qu'au moment de la contraction de ce ventricule le cœur se projette en avant, et vient frapper comme le battant d'une cloche entre la cinquième et la sixième côte au-dessous du sein gauche ; c'est ce qu'on appelle le *battement du cœur*. À ce même instant de la contraction du ventricule gauche, le sang est lancé dans l'aorte et dans les artères du corps avec une pression capable de soulever une colonne mercurielle d'environ 150 millimètres de hauteur. C'est ce qui produit le soulèvement observé dans toutes les artères, et qu'on appelle le *pouls*.

Toute la mécanique des mouvements du cœur a été l'objet de travaux extrêmement approfondis, et la science moderne a étudié les phénomènes de la circulation à l'aide de procédés graphiques qui donnent aux recherches une très grande exactitude. Le seul point que nous tenions à rappeler, c'est que le cœur est une véritable machine vivante, qui fonctionne comme une pompe foulante dans laquelle le piston est remplacé par la contraction musculaire. La question que nous désirons plus particulièrement examiner dans cette étude est celle de savoir comment le cœur, ce simple moteur de la circulation du sang, peut, en réagissant sous l'influence du système nerveux, coopérer au mécanisme si délicat des sentiments qui se passent en nous.

II

Le cœur nous apparaît immédiatement comme un organe étrange par son activité exceptionnelle. Dans le développement du corps animal, chaque appareil vital n'entre en général en fonction qu'après avoir achevé son évolution et acquis sa texture définitive. Il y a même des organes, particulièrement ceux destinés à la propagation de l'espèce, qui ne se montrent sur la scène organique que longtemps après la naissance pour en disparaître ensuite et rentrer de nouveau dans la torpeur pendant la dernière période de la vie de l'individu. Le cœur au contraire manifeste son activité dès l'origine de la vie, bien longtemps avant de posséder sa forme achevée et sa structure caractéristique.

Ce fait n'est pas seulement remarquable comme caractère de la précocité des fonctions du cœur, mais il est de nature à faire réfléchir profondément le physiologiste sur le rapport réel qui doit exister entré les formes anatomiques et les propriétés vitales des tissus. Rien n'est beau comme d'assister à la naissance du cœur. Chez le poulet, dès la vingt-sixième ou trentième heure de l'incubation, on voit apparaître sur le champ germinal un très petit point, *punctum saliens*, dans lequel on finit par constater des mouvements rares et à peine perceptibles. Peu à peu ces mouvements se prononcent davantage et deviennent plus fréquents ; le cœur se dessine mieux, des artères et des veines se forment, le liquide sanguin se manifeste plus distinctement, et tout un système vasculaire provisoire (*area vasculosa*) s'est étalé en rayonnant autour du cœur, désormais constitué physiologiquement comme organe de circulation embryonnaire. À ce moment, les linéaments fondamentaux du corps de l'animal ont déjà paru ; le cœur, alors en pleine activité, représente un moteur sanguin isolé, antérieur à l'organisation, et destiné à transporter sur le chantier de la vie les matériaux nécessaires à la formation du corps animal.

Chez l'oiseau, le cœur va chercher les matériaux dans les éléments de l'œuf ; chez le mammifère, il les puise dans les éléments du sang maternel. Pendant que cet organe sert ainsi à la construction et au développement du corps tout entier, il s'accroît et se développe lui-même. À son origine, ce n'est qu'une simple vésicule obscurément contractile, comme la vésicule circulatoire d'un infusoire ; mais cette vésicule s'allonge bientôt et bat avec rapidité ; la partie inférieure reçoit le liquide sanguin et représente une oreillette, tandis que la partie supérieure constitue un véritable ventricule qui lance le sang dans un bulbe aortique se divisant en arcs branchiaux : c'est alors un vrai cœur de poisson. Plus tard, ce cœur subit un mouvement combiné de torsion et de bascule qui ramène en haut sa partie auriculaire et en bas sa partie ventriculaire ; avant que le mouvement de bascule soit complet, l'organe représente un cœur à trois cavités, cœur de reptile, et dès que le mouvement est achevé, il possède les quatre cavités du cœur d'oiseau ou de mammifère.

Les diverses phases de développement du cœur nous montrent donc que cet organe n'arrive à son état d'organisation le plus élevé chez les oiseaux, les mammifères et l'homme, qu'en passant transitoirement par des formes qui sont restées définitives pour des classes animales inférieures. C'est l'observation de ces faits et de beaucoup d'autres du même genre qui si donné naissance à l'idée philosophiquement vraie que chaque animal reflète dans son évolution embryonnaire les organismes qui lui sont inférieurs.

Le cœur diffère ainsi de tous les muscles du corps en ce qu'il agit dès qu'il apparaît, et avant d'être complètement développé. Une fois achevé dans son organisation, il continue encore de former une exception dans le système musculaire : en effet, tous les appareils musculaires nous présentent dans leurs fonctions des alternatives d'activité et de repos ; le cœur au contraire ne se repose jamais. De tous les organes du corps il est celui qui agit le plus longtemps ; il préexiste à l'organisme, il lui survit, et dans la mort successive et naturelle des organes il est le dernier à manifester ses fonctions. En un mot, suivant l'expression du grand Haller, le cœur vit le premier (*primum vivens*) et meurt le dernier (*ultimum moriens*). Dans cette extinction de la vie de l'organisme, le cœur agit encore quand déjà les autres organes font silence autour de lui. Il veille le dernier, comme s'il attendait la fin de la lutte entre la vie et la mort, car tant qu'il se meut, la vie peut se rétablir ; lorsque le cœur a cessé de battre, elle est irrévocablement perdue, et de même que son premier mouvement a été le signe certain de la vie, son dernier battement est le signe certain de la mort.

Les notions qui précèdent étaient nécessaires à donner, car elles nous aideront à mieux faire comprendre l'action du système nerveux sur le cœur. Nous devons déjà pressentir que cet organe musculaire possède la propriété de se contracter sans l'intervention de l'influence nerveuse ; il entre en fonction bien avant que le système nerveux ait donné signe de vie. Il y a même plus, les nerfs peuvent être très développés et constitués anatomiquement sans agir encore sur aucun des organes musculaires qui sont eux-mêmes déjà développés.

En effet, j'ai constaté par des expériences directes que les extrémités nerveuses ne se soudent physiologiquement aux systèmes musculaires que dans les derniers temps de la vie embryonnaire. Lorsque, après la naissance, le système nerveux a pris son empire sur tous les organes musculaires du corps, le cœur se passe néanmoins de son influence pour accomplir ses fonctions de moteur circulatoire central. On paralyse Tes muscles des membres en coupant les nerfs qui les animent, on ne paralyse jamais les mouvements du cœur en divisant les nerfs qui se rendent dans son tissu ; au contraire, ses mouvements n'en deviennent que plus rapides. Les poisons qui détruisent les propriétés des nerfs moteurs abolissent les mouvements dans tous les organes musculaires du corps, tandis qu'ils sont sans action sur les battements du cœur. J'ai décrit dans la *Revue* les effets du curare, le poison paralyseur par excellence des systèmes nerveux moteurs ; on se souvient que le cœur continue de battre et de faire circuler le sang dans le corps d'un animal absolument privé de toute influence nerveuse motrice.

De tout cela devons-nous conclure que le cœur ne possède pas de nerfs ? Cette opinion, à laquelle s'étaient arrêtés d'anciens physiologistes, est aujourd'hui contredite par l'anatomie, qui nous montre que le cœur reçoit dans son tissu un grand nombre de rameaux nerveux. Ce n'est donc pas à l'absence de nerfs qu'il faut attribuer toutes les anomalies que le cœur nous a offertes jusqu'à présent, c'est à l'existence d'un mécanisme nerveux tout particulier, qu'il nous reste à examiner.

III

La réaction bien connue des nerfs moteurs sur les muscles en général se résume en cette proposition fondamentale : tant que le nerf n'est point excité, le muscle reste à l'état de relâchement et de repos ; dès que le nerf vient à être excité naturellement ou artificiellement, le muscle entre en activité et en contraction. L'observation de l'influence de notre volonté sur les mouvements de nos membres suffirait pour nous prouver ce que je viens d'avancer ; mais rien n'est en outre plus facile à démontrer par des expériences directes faites sur des animaux vivants ou récemment morts. Si par vivisection on prépare une grenouille de manière à isoler un nerf qui se rend dans les muscles d'un membre, on voit que, tant qu'on ne touche pas à ce nerf, les muscles du membre restent relâchés et en repos, et qu'aussitôt qu'on vient à exciter ce nerf par le pincement ou mieux par un courant électrique, les muscles entrent en une contraction énergique et rapide.

C'est là un fait général qui peut se constater expérimentalement chez l'homme et chez tous les animaux vertébrés, soit pendant la vie, soit immédiatement après la mort, tant que les systèmes musculaires et nerveux conservent leurs propriétés vitales respectives. Si maintenant nous agissons par des procédés analogues sur les nerfs du cœur, nous verrons que cet organe musculaire paradoxal nous présente encore à ce point de vue une exception, et je dirai même, pour être plus exact, qu'il nous offre une complète opposition avec les muscles des membres. Pour être dans la vérité, il suffira de renverser les termes de la proposition et de dire : Tant que les nerfs du cœur ne sont pas excites, le cœur bat et reste à l'état de fonction ; dès que les nerfs du cœur viennent à être excités naturellement ou artificiellement, le cœur entre en relâchement et à l'état de repos. Si on prépare par vivisection une grenouille ou un autre animal vivant ou récemment mort de manière à observer le cœur et à isoler les nerfs pneumo-gastriques qui vont dans son tissu, on constate que, tant qu'on n'agit pas sur ces nerfs, le cœur continue à battre comme à l'ordinaire, et qu'aussitôt qu'on vient à les exciter par un courant électrique puissant, le cœur s'arrête en diastole, c'est-à-dire en relâchement. Ce résultat est également général ; il existe chez tous les vertébrés depuis la grenouille jusqu'à l'homme. Il faudra toujours avoir présent à l'esprit le fait de cette influence singulière et paradoxale des nerfs sur le cœur, parce que c'est ce résultat qui nous servira de point de départ pour expliquer ultérieurement comment l'organe central de la circulation peut réagir sur nos sentiments ; mais, avant d'en arriver là, il est nécessaire d'examiner de plus près les diverses formes que peut nous présenter l'arrêt du cœur sous l'influence de l'excitation galvanique des nerfs. L'excitation des nerfs pneumo-gastriques ou nerfs du cœur par un courant électrique très actif arrête aussitôt les battements de cet organe. Toutefois il y a dans le phénomène quelques variétés qui dépendent de la sensibilité de l'animal. Si l'on agit sur des mammifères très sensibles, le cœur s'arrête instantanément, tandis que chez des animaux à sang froid et surtout pendant l'hiver le cœur ne ressent pas immédiatement l'influence nerveuse ; plusieurs battements peuvent encore avoir lieu avant qu'il s'arrête. Après la cessation de l'excitation galvanique violente des nerfs, les battements reparaissent assez vite, plus ou moins facilement toutefois, suivant l'état de vigueur ou de sensibilité de l'animal. Il peut même arriver que chez des animaux très sensibles ou affaiblis les battements ne reparaissent plus ; alors l'arrêt du cœur est définitif, et la mort s'ensuit immédiatement.

L'excitation galvanique des nerfs pneumogastriques a pour effet d'arrêter le cœur d'autant plus énergiquement que l'application en est plus soudaine et qu'elle a été moins répétée. Quand on reproduit plusieurs fois de suite ou qu'on prolonge trop l'excitation, la sensibilité du cœur et de ses nerfs s'émousse au point que l'électricité ne peut plus arrêter ses battements ; il en est de même quand on irrite graduellement les nerfs : on peut arriver successivement à employer des courants très violents sans arrêter le cœur. Lorsqu'on applique des excitations faibles sur les nerfs du cœur, les résultats sont toujours les mêmes au fond, seulement la différence d'intensité leur donne une apparence tout autre. En effet, l'excitation galvanique faible et instantanée des pneumo-gastriques amène bien chez un animal très sensible un arrêt subit du cœur, mais de si courte durée qu'il serait souvent imperceptible pour un observateur non prévenu. En outre, à la suite de ces actions légères ou modérées, les battements cardiaques reparaissent aussitôt avec plus d'énergie et de rapidité. On voit ainsi que l'excitation énergique des nerfs du cœur amène un arrêt prolongé de l'organe, avec un retour lent et plus ou moins difficile de ses battements, tandis que les actions modérées ne provoquent qu'un arrêt extrêmement fugace du cœur, suivi immédiatement d'une accélération dans ses battements avec augmentation de l'énergie des contractions ventriculaires.

Tous les résultats que nous avons mentionnés jusqu'ici, soit relativement à l'excitation des nerfs des muscles des membres, soit relativement à l'excitation des nerfs du cœur, ont été fournis, par des expériences de vivisection dans lesquelles on avait appliqué l'excitant sur les nerfs moteurs, eux-mêmes ;

mais dans l'état naturel les choses ne sauraient se passer ainsi : ce sont des excitants physiologiques qui viennent irriter les nerfs moteurs, afin de déterminer leur réaction sur les muscles. Ces excitants physiologiques sont au nombre de deux : la *volonté* et la *sensibilité*. La volonté ne peut exercer son influence sur tous les nerfs moteurs du corps ; les nerfs du cœur par exemple sont en dehors d'elle. La sensibilité au contraire, exerce, une influence qui est générale, et tous les nerfs moteurs, qu'ils soient volontaires ou involontaires, subissent son action réflexe, On a appelé *réflexes* toutes les actions sensitives qui réagissent sur les nerfs moteurs en donnant lieu à des mouvements involontaires, parce qu'on suppose que l'impression sensitive venue de la périphérie est réfléchies dans le centre nerveux sur le nerf moteur. Il serait inutile de nous étendre davantage sur le mécanisme des actions nerveuses réflexes, qui forment aujourd'hui une des bases importantes de la physiologie du système nerveux. Il nous suffira de savoir que tous les mouvements involontaires sont le résultat de la simple action de la sensibilité ou du nerf sensitif sur le nerf moteur, qui réagit ensuite sur le muscle. Tous les mouvements involontaires du cœur que nous aurons à observer n'ont pas d'autre source que la réaction de la sensibilité sur les nerfs pneumo-gastriques moteurs de cet organe, et quand nous dirons par exemple qu'une impression douloureuse arrête les mouvements du cœur, cela signifiera simplement qu'un nerf sensitif primitivement excité a transmis son impression au cœur en excitant le pneumo-gastrique : , qui, à son tour, a fait ressentir son influence motrice au cœur absolument comme quand nous agissons dans nos expériences avec le courant galvanique. Quand le physiologiste excite un nerf moteur à réagir sur les muscles au moyen d'un courant galvanique ou à l'aide du pincement, il substitue un excitant artificiel à l'excitant naturel, qui est la volonté ou la sensibilité ; mais les résultats de l'action nerveuse motrice sont toujours les mêmes. On verra bientôt en effet toutes les formes d'arrêt du cœur que nous avons observées en agissant directement avec un courant galvanique sur les nerfs pneumo-gastriques se reproduire par les influences sensitives diverses. Comme nous savons maintenant que les influences sensitives ne peuvent agir sur le cœur qu'en excitant ses nerfs moteurs, nous sous-entendrons désormais cet intermédiaire dans le langage, et quand nous dirons : la sensibilité ou les sentiments réagissent sur le cœur, nous saurons ce que cela signifie physiologiquement.

Nos expériences directes sur l'excitation des nerfs pneumogastriques nous ont montré que le cœur est d'autant plus prompt à recevoir l'impression nerveuse et à s'arrêter que l'animal est plus sensible ; il en est de même pour les réactions des nerfs de la sensibilité sur le cœur. Chez la grenouille, on n'arrête pas le cœur en pinçant la peau : il faut des actions beaucoup plus énergiques ; mais chez des animaux élevés, chez certaines races de chiens par exemple, les moindres excitations des nerfs sensitifs retentissent sur le cœur. Si l'on place un hémomètre sur l'artère de l'un de ces animaux afin d'avoir sous les yeux par l'oscillation de la colonne mercurielle l'expression des battements du cœur, on constate qu'au moment où l'on excite rapidement un nerf sensitif il y a arrêt du cœur en diastole, ce qui détermine une suspension de l'oscillation avec abaissement léger de la colonne mercurielle. Aussitôt après, les battements reparaissent, considérablement accélérés et plus énergiques, car le mercure s'élève quelquefois de plusieurs centimètres pour redescendre à son point primitif lorsque le cœur calmé a repris son rythme normal. Le cœur est quelquefois si sensible chez certains animaux que des excitations très légères des nerfs sensitifs peuvent amener des réactions, lors même que l'animal ne manifeste aucun signe de douleur. Ce sont là des expériences que nous avons faites, mon maître Magendie et moi, il y a bien longtemps, et qui depuis ont été souvent répétées et vérifiées par des procédés divers.

À mesure que l'organisation animale s'élève, le cœur devient donc un réactif de plus en plus délicat pour trahir les impressions sensitives qui se passent dans le corps, et il est naturel de penser que l'homme doit être au premier rang sous ce rapport. Chez lui, le cœur n'est plus seulement l'organe central de la circulation du sang, mais il est devenu en outre un centre où viennent retentir toutes les actions nerveuses sensitives. Les influences nerveuses qui réagissent sur le cœur arrivent soit de la périphérie par le système cérébro-spinal, soit des organes intérieurs par le grand sympathique, soit du centre cérébral lui-même, car au point de vue physiologique il faut considérer le cerveau comme la surface nerveuse la plus délicate de toutes : d'où il résulte que les actions sensitives qui proviennent démette source sont celles qui exerceront sur le cœur les influences les plus énergiques.

IV

Comment est-il possible de concevoir le mécanisme physiologique à l'aide duquel le cœur se lie aux manifestations de nos sentiments ? Nous savons que cet organe peut recevoir le contre-coup de toutes les vibrations sensitives qui se passent en nous, et qu'il peut en résulter tantôt un arrêt violent avec suspension momentanée et ralentissement de la circulation, si l'impression a été très forte, tantôt un arrêt léger avec réaction et augmentation du nombre et de l'énergie des battements cardiaques, si l'impression a été légère ou modérée ; mais comment cet état peut-il ensuite traduire nos sentiments ? C'est ce qu'il s'agit d'expliquer. Rappelons-nous que le cœur ne cesse jamais d'être une pompe foulante, c'est-à-dire un moteur qui distribue le liquide vital à tous les organes de notre corps. S'il s'arrête, il y a nécessairement suspension ou diminution dans l'arrivée du liquide vital aux organes, et par suite suspension ou diminution de leurs fonctions ; si au contraire l'arrêt léger du cœur est suivi d'une intensité plus grande dans son action, il y a distribution d'une plus grande quantité du liquide vital dans les organes, et par suite surexcitation de leurs fonctions. Cependant tous les organes du corps et tous les tissus organiques ne sont pas également sensibles à ces variations de la circulation artérielle, qui peuvent diminuer ou augmenter brusquement la quantité du liquide nourricier qu'ils reçoivent. Les organes nerveux et surtout le cerveau, qui constituent l'appareil dont la texture est la plus délicate et la plus élevée dans l'ordre physiologique, reçoivent les premiers les atteintes de ces troubles circulatoires. C'est une loi générale pour tous les animaux : depuis la grenouille jusqu'à l'homme, la suspension de la circulation du sang amène en premier lieu la perte des fonctions cérébrales et nerveuses, de même que l'exagération de la circulation exalte d'abord les manifestations cérébrales et nerveuses. Toutefois ces réactions de la modification circulatoire sur les organes nerveux demandent pour s'opérer un temps très différent selon les espèces. Chez les animaux à sang froid, ce temps est très long, surtout pendant l'hiver ; une grenouille reste plusieurs heures avant d'éprouver les conséquences de l'arrêt de la circulation ; on peut lui enlever le cœur, et pendant quatre ou cinq heures elle saute et nage sans que sa volonté ni ses mouvements paraissent le moins du monde troublés. Chez les animaux à sang chaud, c'est tout différent : la cessation d'action du cœur amène très rapidement la disparition des phénomènes cérébraux, et d'autant plus facilement que l'animal est plus élevé, c'est-à-dire possède des organes nerveux plus délicats.

Le raisonnement et l'expérience nous montrent qu'il faut encore placer, sous ce rapport, l'homme au premier rang. Chez lui, le cerveau est si délicat qu'il éprouvera en quelques secondes, et pour ainsi dire instantanément, le retentissement des influences nerveuses exercées sur l'organe central de la circulation, influences qui se traduisent, comme nous allons le voir bientôt, tantôt par une émotion, tantôt par une syncope. Les phénomènes physiologiques suivent partout une loi identique, mais la nature plus ou moins délicate de l'organisme vivant peut leur donner une expression toute différente. Ainsi la loi de réaction du cœur sur le cerveau est la même chez la grenouille et chez l'homme ; cependant jamais la grenouille ne pourra éprouver une émotion ni une syncope, parce que le temps qu'il faut à son cœur pour ressentir l'influence nerveuse, et à son cerveau pour éprouver l'influence circulatoire, est si long que la relation physiologique entre les deux organes disparaît.

Chez l'homme, l'influence du cœur sur le cerveau se traduit par deux états principaux entre lesquels, on peut supposer beaucoup d'intermédiaires : la syncope et l'émotion. La syncope est due à la cessation momentanée des fonctions cérébrales par cessation de l'arrivée du sang artériel dans le cerveau. On pourrait produire la syncope en liant ou en comprimant directement toutes les artères qui vont au cerveau ; mais ici nous ne nous occupons que de la syncope qui survient par une influence sensitive portée sur le cœur, et assez énergique pour arrêter ses mouvements. L'arrêt du cœur qui produit la perte de connaissance en privant le cerveau du sang amène aussi la pâleur des traits et une foule d'autres effets accessoires dont il ne peut être question ici. Toutes les impressions sensitives énergiques et subites sont dans le cas d'amener la syncope, quelle qu'en soit d'ailleurs la nature. Des impressions physiques sur les nerfs sensitifs ou des impressions morales, des sensations douloureuses ou des sensations de volupté, conduisent au même résultat et amènent l'arrêt du cœur. La durée de la syncope est naturellement liée à la durée de l'arrêt du cœur. Plus l'arrêt a été intense, plus en général la syncope se prolonge, et plus difficilement se rétablissent les battements cardiaques, qui d'abord reviennent irrégulièrement pour ne reprendre que lentement leur rythme normal. Quelquefois l'arrêt du cœur est définitif et la syncope mortelle ; chez les individus faibles et en même temps très sensibles, cela peut arriver. On a constaté expérimentalement que, sur des colombes épuisées par l'inanition, il suffit parfois de produire une douleur vive, en pinçant un nerf de sentiment, pour amener un arrêt du cœur définitif et une syncope mortelle.

L'émotion dérive du même mécanisme physiologique que la syncope, mais elle a une manifestation bien différente. La syncope, qui enlève le sang au cerveau, donne une expression négative, en prouvant seulement qu'une impression nerveuse violente est allée se réfléchir sur le cœur pour revenir frapper le cerveau. L'émotion au contraire, qui envoie au cerveau une circulation plus active, donne une expression positive, eu ce sens que l'organe cérébral reçoit une surexcitation fonctionnelle en harmonie avec la nature de l'influence nerveuse qui l'a déterminée. Dans l'émotion, il y a toujours une impression initiale gui surprend en quelque sorte et arrête très légèrement le cœur, et par suite une faible secousse cérébrale qui amène une pâleur fugace ; aussitôt le cœur, comme un animal piqué par un aiguillon, réagît, accélère ses mouvements et envoie le sang à plein calibre par l'aorte et par toutes les artères. Le cerveau[2], le plus sensible de tous les organes, éprouve immédiatement et avant tous les autres les effets de cette modification circulatoire. Le cerveau a été sans doute le point de départ de l'impression nerveuse sensitive ; mais par l'action réflexe sur les nerfs moteurs du cœur l'influence sensitive a provoqué dans le cerveau les conditions qui viennent se lier à Ta manifestation du sentiment.

En résumé, chez l'homme, le cœur est le plus sensible des organes de la vie végétative ; il reçoit le premier de tous l'influence nerveuse cérébrale. Le cerveau est le plus sensible des organes de la vie animale ; il reçoit le premier

---

[2] Voir *Partie III : Des fonctions du cerveau.*

de tous l'influence de la circulation du sang. De là résulte que ces deux organes culminants de la machine vivante sont dans des rapports incessants d'action et de réaction. Le cœur et le cerveau se trouvent dès lors dans une solidarité d'actions réciproques des plus intimes, qui se multiplient et se resserrent d'autant plus que l'organisme devient plus développé et plus délicat. Ces rapports peuvent être constants ou passagers, varier avec le sexe et avec l'âge. C'est ainsi qu'à l'époque de la puberté, lorsque dès organes, jusqu'alors restés inertes ou engourdis, s'éveillent. et se développent, des sentiments nouveaux prennent naissance dans le cerveau et apportent au cœur des impressions nouvelles. Les sentiments que nous éprouvons sont toujours accompagnés par des actions réflexes du cœur ; c'est du cœur que viennent les conditions de manifestation des sentiments, quoique le cerveau en soit le siège exclusif. Dans les organismes élevés, la vie n'est qu'un échange continuel entre le système sanguin et le système nerveux. L'expression de nos sentiments se fait par un échange entre le cœur et le cerveau, les deux rouages les plus parfaits de la machine vivante. Cet échange se réalise par des relations anatomiques très connues, par les nerfs pneumo-gastriques qui portent les influences nerveuses au cœur, et par les artères carotides et vertébrales qui apportent le sang au cerveau. Tout ce mécanisme merveilleux ne tient donc qu'à un fil, et si les nerfs qui unissent le cœur au cerveau venaient à être détruits, cette réciprocité d'action serait interrompue, et la manifestation de nos sentiments profondément troublée. Toutes ces explications, me dira-t-on, sont bien empreintes de matérialisme. À cela je répondrai que ce n'est pas ici la question. Si ce n'était m'écarter du but de ces recherches, je pourrais montrer facilement qu'en physiologie le matérialisme ne conduit à rien et n'explique rien ; mais un concert en est-il moins ravissant parce que le physicien en calcule mathématiquement toutes les vibrations ?

Un phénomène physiologique en est-il moins admirable parce que le physiologiste en analyse toutes les conditions matérielles ? Il faut bien que cette analyse, que ces calculs se fassent, car sans cela il n'y aurait pas de science. Or la science physiologique nous apprend que, d'une part, le cœur reçoit réellement l'impression de tous nos sentiments, et que, d'autre part, le cœur réagit pour renvoyer au cerveau les conditions nécessaires de la manifestation de ces sentiments, d'où il résulte que le poète et le romancier qui, pour nous émouvoir, s'adressent à notre cœur, que l'homme du monde qui à tout instant exprime ses sentiments en invoquant son cœur, font des métaphores qui correspondent à des réalités physiologiques.

Quelquefois un mot, un souvenir, la vue d'un événement, éveillent en nous une douleur profonde. Ce mot, ce souvenir ne sauraient être douloureux par eux-mêmes, mais seulement par les phénomènes qu'ils provoquent en nous. Quand on dit que le cœur est brisé par la douleur, il y a des phénomènes réels dans le cœur. Le cœur a été arrêté, si l'impression douloureuse a été trop soudaine, le sang n'arrivant plus au cerveau, la syncope, des crises nerveuses en sont la conséquence. On a donc bien raison, quand il s'agit d'apprendre à quelqu'un une de ces nouvelles terribles qui bouleversent notre âme, de ne la lui faire connaître qu'avec ménagement. Nous savons par nos expériences sur les nerfs du cœur que les excitations graduées émoussent ou épuisent la sensibilité cardiaque en évitant l'arrêt des battements. Quand on dit qu'on a le cœur gros, après avoir longtemps été dans l'angoisse et avoir éprouvé des émotions pénibles, cela répond encore à des conditions physiologiques particulières du cœur. Les impressions douloureuses prolongées, devenues incapables d'arrêter le cœur, le fatiguent et le lassent, retardent ses battements, prolongent la diastole, et font éprouver dans la région précordiale un sentiment de plénitude ou de resserrement.

Les impressions agréables répondent aussi à des états déterminés du cœur. Quand une femme est surprise par une douce émotion, les paroles qui ont pu la faire naître ont traversé l'esprit comme un éclair, sans s'y arrêter ; le cœur a été atteint immédiatement et savant tout raisonnement et toute réflexion. Le sentiment commence à se manifester après un léger arrêt du cœur, imperceptible pour tout le monde, excepté pour le physiologiste ; le cœur, aiguillonné par l'impression nerveuse, réagit par des palpitations qui le font bondir et battre plus fortement dans la poitrine, en même temps qu'il envoie plus de sang au cerveau, d'où résultent la rougeur du Visage et une expression particulière des traits correspondant à un sentiment de bien-être éprouvé. Ainsi dire que l'amour fait palpiter le cœur n'est pas seulement une forme poétique ; c'est aussi une réalité physiologique. Quand on dit à quelqu'un qu'on l'aime de tout son cœur, cela signifie physiologiquement que sa présence ou son souvenir éveille en nous une impression nerveuse qui, transmise au cœur par les nerfs pneumo-gastriques, fait réagir notre cœur de la manière la plus convenable pour provoquer dans notre cerveau un sentiment ou une émotion affective.

Je suppose ici, bien entendu, que l'aveu est sincère ; sans cela, le cœur n'éprouverait rien, et le sentiment ne serait que sur les lèvres. Chez l'homme, le cerveau doit, pour exprimer ses sentiments, avoir le cœur à son service. Deux cœurs unis sont des cœurs qui battent à l'unisson sous l'influence des mêmes impressions nerveuses, d'où résulte l'expression harmonique de sentiments semblables.

Les philosophes disent qu'on peut maîtriser son cœur et faire taire ses passions. Ce sont encore des expressions que la physiologie peut interpréter. On sait que par sa volonté l'homme peut arriver à dominer beaucoup d'actions réflexes dues à des sensations produites par des causes physiques. La raison parvient sans doute à exercer le même empire sur les sentiments moraux. L'homme peut arriver par la raison à empêcher les actions réflexes sur son cœur ; mais plus la raison pure tendrait à triompher, plus le sentiment tendrait à s'éteindre.

La puissance nerveuse capable d'arrêter les actions réflexes est en général moindre chez la femme que chez l'homme : c'est ce qui lui donne la suprématie dans le domaine de la sensibilité physique et morale, c'est ce qui a fait dire qu'elle a le cœur plus tendre que l'homme ; mais je m'arrête dans ces considérations, qui nous entraîneraient trop loin, et je terminerai par une conclusion générale.

La science ne contredit point les observations et les données de l'art, et je ne saurais admettre l'opinion de ceux qui croient que le positivisme scientifique doit tuer l'inspiration. Suivant moi, c'est le contraire qui arrivera nécessairement. L'artiste trouvera dans la science des bases plus stables, et le savant puisera dans l'art une intuition, plus assurée. Il peut sans doute exister des époques de crise dans lesquelles la science, à la fois trop avancée et encore trop imparfaite, inquiète et trouble l'artiste plutôt qu'elle ne l'aide. C'est ce qui peut arriver aujourd'hui pour la physiologie à l'égard du poète et du philosophe ; mais ce n'est là qu'un état transitoire, et j'ai la conviction que quand la physiologie sera assez avancée, le poète, le philosophe et le physiologiste s'entendront tous.

Partie III

Des fonctions du cerveau

I.

Le premier soin de la physiologie a été de localiser les fonctions de la vie dans les différents organes du corps qui leur servent d'instrument. C'est ainsi qu'on a rattaché la digestion à l'estomac, la circulation au cœur, la respiration au poumon; c'est encore de même qu'on a placé le siège de l'intelligence et de la pensée dans le cerveau. Toutefois, relativement à ce dernier organe, on a cru devoir faire des réserves et ne pas admettre que l'expression métaphysique des facultés intellectuelles et morales fût la manifestation pure et simple de la fonction cérébrale. Descartes, qu'il faut mettre au nombre des promoteurs de la physiologie moderne parce qu'il a très bien compris que les explications des phénomènes de la vie ne peuvent relever que des lois de la physique et de la mécanique générales, s'est clairement exprimé à cet égard. Adoptant les idées de

Galien sur la formation des esprits animaux dans le cerveau, il leur donne pour mission de se répandre au moyen des nerfs dans toute la machine animée, afin de porter à chacune des parties l'impulsion nécessaire à son activité spéciale. Cependant, au-dessus et distincte de cette fonction physiologique du cerveau, Descartes admet l'âme, qui donne à l'homme la faculté de penser; elle aurait son siège dans la glande pinéale, et dirigerait les esprits animaux qui en émanent et lui sont subordonnés.

Les opinions de Descartes touchant les fonctions du cerveau ne pourraient aujourd'hui supporter le moindre examen physiologique; ses explications, fondées sur des connaissances anatomiques insuffisantes, n'ont pu enfanter que des hypothèses empreintes d'un grossier mécanisme. Néanmoins elles ont pour nous une valeur historique, elles nous montrent que ce grand philosophe reconnaissait dans le cerveau deux choses : d'abord un mécanisme physiologique, puis, au-dessus et en dehors de lui, la faculté pensante de l'âme. Ces idées sont à peu près celles qui ont régné ensuite parmi beaucoup de philosophes et parmi certains naturalistes ; le cerveau, où s'accomplissent les fonctions les plus importantes du système nerveux, serait non pas l'organe réel de la pensée, mais seulement le *substratum* de l'intelligence. Bien souvent en effet on entend faire cette objection, que le cerveau forme une exception physiologique à tous les autres organes du corps, en ce qu'il est le siège de manifestations métaphysiques qui ne sont pas du ressort du physiologiste. On conçoit que l'on puisse ramener la digestion, la respiration, la locomotion, etc., à des phénomènes de mécanique, de physique et de chimie; mais on n'admet pas que la pensée, l'intelligence, la volonté se soumettent à de semblables explications. Il y a là, dit-on, un abîme entre l'organe et la fonction, parce qu'il s'agit de phénomènes métaphysiques et non plus de mécanismes physico-chimiques. De Blainville dans ses cours de zoologie insistait beaucoup sur la définition de l'*organe* et du *substratum*. « Dans l'organe, disait-il, il y a un rapport visible et nécessaire entre la structure anatomique et la fonction; dans le cœur, organe de la circulation, la conformation et la disposition des orifices et de leurs valvules rend parfaitement compte de la circulation du sang. Dans le substratum, rien de pareil ne s'observe : le cerveau est le substratum de la pensée; elle a son siège en lui, mais la pensée ne saurait se déduire de l'anatomie cérébrale. » C'est en se fondant sur de pareilles considérations qu'on s'est cru autorisé à prétendre que la raison pouvait être, chez les aliénés, troublée d'une manière dite *essentielle*, c'est-à-dire sans qu'il existât aucune lésion matérielle du cerveau. La réciproque a été de même soutenue, et on trouve cités dans des traités de physiologie des cas où l'intelligence se serait manifestée intègre chez des individus dont le cerveau était ramolli ou pétrifié. Aujourd'hui les progrès de la science ont ruiné toutes ces doctrines ; cependant il faut reconnaître que les physiologistes qui se sont autorisés des recherches modernes les plus délicates sur la structure du cerveau pour localiser la pensée dans une substance particulière ou dans des cellules nerveuses d'une forme et d'un ordre déterminés n'ont pas davantage résolu la question, car ils n'ont fait en réalité qu'opposer des hypothèses matérialistes à d'autres hypothèses spiritualistes.

De tout ce qui précède, je tirerai la seule conclusion légitime qui en découle : c'est que le mécanisme de la pensée nous est inconnu, et je crois que tout le monde sera d'accord sur ce point. La question fondamentale que nous avons posée n'en subsiste pas moins, car ce qui nous importe, c'est de savoir si l'ignorance où nous sommes à ce sujet est une ignorance relative qui disparaîtra avec les progrès de la science, ou bien si c'est une ignorance absolue en ce sens qu'il s'agirait là d'un problème vital qui doit à jamais rester en dehors de la physiologie. Je repousse, quant à moi, cette dernière opinion, parce que je n'admets pas que la vérité scientifique puisse ainsi se fractionner. Comment comprendre en effet qu'il soit donné au physiologiste de pouvoir expliquer les phénomènes qui s'accomplissent dans tous les organes du corps, excepté une partie de ceux qui se passent dans le cerveau? De semblables distinctions ne peuvent exister dans les phénomènes de la vie. Ces phénomènes présentent sans doute des degrés de complexité très différents, mais ils sont tous au même titre accessibles ou inaccessibles à nos investigations, et le cerveau, quelque merveilleuses que nous paraissent les manifestations métaphysiques dont il est le siège, ne saurait constituer une exception parmi les autres organes du corps.

II.

Les phénomènes métaphysiques de la pensée, de la conscience et de l'intelligence, qui servent aux manifestations diverses de l'âme humaine, considérés au point de vue physiologique, ne sont que des phénomènes ordinaires de la vie, et ne peuvent être que le résultat de la fonction de l'organe qui les exprime. Nous allons montrer en effet que la physiologie du cerveau se déduit, comme celle de tous les autres organes du corps, des observations anatomiques, de l'expérimentation physiologique et des connaissances de l'anatomie pathologique.

Dans son développement anatomique, le cerveau suit la loi commune, c'est-à-dire qu'il devient plus volumineux quand les fonctions auxquelles il préside augmentent de puissance. A mesure que l'intelligence se manifeste davantage, nous voyons dans la série des animaux le cerveau acquérir un plus grand développement, et c'est chez l'homme, où les phénomènes intellectuels sont arrivés à leur expression la plus élevée, que l'organe cérébral présente le volume le plus considérable. D'après la forme du cerveau, d'après le nombre des plis ou circonvolutions qui en étendent la surface, on peut déjà préjuger l'intelligence des divers animaux; mais ce n'est pas seulement l'aspect extérieur du cerveau qui changé quand ses fonctions se modifient, il offre en même temps dans sa structure intime une complexité qui s'accroît avec la variété et l'intensité des manifestations intellectuelles. Relativement à la texture du cerveau, nous n'en sommes plus au temps de Buffon, qui considérait la cervelle, ainsi qu'il l'appelait avec dédain, comme une substance muqueuse sans importance. Les progrès de l'anatomie générale et de l'histologie nous ont appris que l'organe cérébral possède la texture à la fois la plus délicate et la plus complexe de tous les appareils nerveux. Les éléments anatomiques qui le composent sont des éléments nerveux sous la forme de tubes et de cellules combinés et unis entre eux. Ces éléments sont semblables dans tous les animaux par leurs propriétés physiologiques et par leurs caractères histologiques; ils diffèrent par le nombre, les réseaux, les connexions, l'arrangement en un mot, qui présente une disposition particulière dans le cerveau de chaque espèce. En cela, le cerveau suit encore la loi générale, car dans tous les organes l'élément anatomique garde des caractères fixes qui le font reconnaître; le perfectionnement organique consiste surtout dans l'arrangement de ces éléments, qui, dans chaque espèce animale, offre une forme spécifique. Chaque organe serait donc en réalité un appareil dont les éléments constitutifs restent identiques, mais dont le groupement devient de plus en plus compliqué à mesure que la fonction elle-même se montre plus variée et plus complexe.

Si nous considérons maintenant les conditions organiques et physico-chimiques nécessaires à l'entretien de la vie et à l'exercice des fonctions, nous verrons qu'elles sont les mêmes dans le cerveau que dans tous les autres organes. Le sang agit sur les éléments anatomiques de tous les tissus en leur apportant les conditions de nutrition, de température, d'humidité, qui leur sont indispensables. Lorsque le sang afflue en moindre quantité dans un organe quelconque, l'activité fonctionnelle se modère, et l'organe entre au repos; mais, si le fluide sanguin est supprimé, les propriétés élémentaires du tissu s'altèrent peu à peu, en même temps que les fonctions sont anéanties. Il en est absolument de même pour les éléments anatomiques du cerveau. Dès que le sang cesse d'y parvenir, les propriétés nerveuses sont atteintes, ainsi que les fonctions cérébrales, qui finissent par disparaître, si l'anémie devient complète. Une simple modification dans la température du sang, dans sa pression, suffit pour produire des troubles profonds dans la sensibilité, le mouvement ou la volonté.

Tous les organes du corps nous offrent alternativement un état de repos et un état de fonction dans lesquels les phénomènes circulatoires sont essentiellement différents.

Des observations nombreuses, prises dans les appareils les plus divers, ont mis ces faits hors de doute. Lorsque par exemple on examine le canal alimentaire d'un animal à jeun, on trouve la membrane muqueuse qui revêt la face interne de l'estomac et des intestins pâle et peu vascularisée; pendant la digestion au contraire, on constate que la même membrane est très colorée et gonflée par le sang, qui y afflue avec force. Ces deux phases circulatoires, à l'état de repos et à l'état de fonctions, ont pu être vérifiées directement dans l'estomac chez l'homme vivant. Tous les physiologistes connaissent l'histoire d'un jeune Canadien blessé accidentellement d'un coup de mousquet chargé à plomb qui l'atteignit presque à bout portant dans le flanc gauche. La cavité abdominale avait été ouverte par une énorme plaie contuse, et l'estomac, largement perforé, laissait échapper les aliments du dernier repas. Le malade fut soigné par le docteur Beaumont, chirurgien à l'armée des États-Unis; il guérit, mais en conservant une plaie fistuleuse de 35 à 40 millimètres de circonférence, à travers laquelle on pouvait introduire différents corps et inspecter facilement ce qui se passait dans l'estomac. Le docteur Beaumont, voulant étudier ce cas remarquable, s'attacha en qualité de domestique ce jeune homme, dont la santé et les facultés digestives en particulier s'étaient complètement rétablies. Il put le garder à son service pendant sept années, durant lesquelles il fit un très grand nombre d'observations du plus haut intérêt pour la physiologie. A jeun, en regardant dans l'intérieur de l'estomac, on en apercevait distinctement la membrane interne; elle formait des replis irréguliers, la surface, d'un rose pâle, n'était animée d'aucun mouvement, et n'était absolument lubrifiée que par du mucus. Aussitôt que les matières alimentaires descendaient dans l'estomac et touchaient la membrane muqueuse, la circulation s'y accélérait, la couleur s'avivait, et des mouvements péristaltiques s'y manifestaient. Les papilles muqueuses versaient alors le suc gastrique, fluide clair et transparent destiné à dissoudre les aliments. Lorsqu'on essuyait avec une éponge ou un linge fin le mucus qui recouvrait la membrane villeuse, on voyait bientôt le suc gastrique reparaître et s'assembler en gouttelettes qui ruisselaient le long des parois de l'estomac comme la sueur sur le visage. Ce que nous venons de voir sur la membrane muqueuse gastrique s'observe de même pour tout l'intestin et pour tous les organes glandulaires annexés à l'appareil digestif. Les glandes salivaires, le pancréas, pendant l'intervalle des digestions, présentent un tissu pâle et exsangue dont les sécrétions sont entièrement suspendues. Pendant la période digestive au contraire, ces mêmes glandes sont gorgées de sang, rutilantes, comme érectiles, et leurs conduits laissent écouler les liquides sécrétés en abondance.

Il faut donc reconnaître dans les organes deux ordres de circulations : d'un côté la *circulation générale*, connue depuis Harvey, et de l'autre les *circulations locales*, découvertes et étudiées seulement dans ces derniers temps. Dans les phénomènes de circulation générale, le sang ne fait en quelque sorte que traverser les parties pour passer des artères dans les veines; dans les phénomènes de la circulation locale, qui est la vraie circulation fonctionnelle, le fluide sanguin pénètre dans tous les replis de l'organe, et s'accumule autour des éléments anatomiques pour réveiller et exciter leur mode d'activité spéciale. Le système nerveux, sensitif et vaso-moteur, préside à tous les phénomènes de circulations locales qui accompagnent les fonctions organiques; c'est ainsi que la salive s'écoule abondamment lorsqu'un corps sapide vient impressionner les nerfs de la membrane muqueuse buccale, et que le suc gastrique se forme sous l'influence du contact des aliments et de la surface sensible de l'estomac. Toutefois cette excitation mécanique sur les nerfs sensitifs périphériques, venant retentir sur l'organe par action réflexe, peut être remplacée par une excitation purement psychique ou cérébrale. Une expérience simple vient en donner la démonstration. Prenant un cheval à jeun, on découvre sur le côté de la mâchoire le canal excréteur de la glande parotide, on divise ce conduit, et rien n'en sort; la glande est au repos. Si alors on fait voir au cheval de l'avoine, ou mieux, si, sans rien lui montrer, on exécute un mouvement qui indique à l'animal qu'on va lui donner son repas, aussitôt un jet continu de salive s'écoule du conduit parotidien, en même temps que le tissu de la glande s'injecte et devient le siège d'une circulation plus active. Le docteur Beaumont a observé sur son Canadien des phénomènes analogues. L'idée d'un mets succulent déterminait non-seulement un appel de sécrétion dans les glandes salivaires, mais provoquait encore un afflux sanguin immédiat sur la membrane muqueuse stomacale.

Ce que nous venons de dire sur les circulations locales ou fonctionnelles ne s'applique pas seulement aux organes sécréteurs où s'opère la séparation d'un liquide à la formation duquel le sang doit plus ou moins concourir; il s'agit là d'un phénomène général qui s'observe dans tous les organes, quelle que soit la nature de leur fonction. Le système musculaire, qui ne produit qu'un travail mécanique, est dans le même cas que les glandes, qui agissent chimiquement. Au moment de la fonction du muscle, le sang circule avec une plus grande activité, qui se modère quand l'organe entre en repos. Le système nerveux périphérique, la moelle épinière et le cerveau, qui servent à la manifestation des phénomènes de l'innervation et de l'intelligence, n'échappent pas non plus à cette loi, ainsi que nous allons le voir.

Les relations qui existent entre les phénomènes circulatoires du cerveau et l'activité fonctionnelle de cet organe ont été longtemps obscurcies par des opinions erronées sur les conditions du sommeil, considéré à juste titre comme l'état de repos de l'organe cérébral. Les anciens croyaient que l'état de sommeil était la conséquence d'une compression opérée sur le cerveau par le sang lorsque sa circulation se ralentit. Ils supposaient que cette pression s'exerçait surtout à la partie postérieure de la tête, au point où les sinus veineux de la dure-mère viennent aboutir dans un confluent commun qu'on appelle encore *torcular* ou *pressoir d'Hérophile*, du nom de l'anatomiste qui en donna la première description. Ces explications hypothétiques se sont transmises jusqu'à nous; ce n'est que dans ces dernières années que l'expérimentation est venue en démontrer la fausseté. On a prouvé en effet par des expériences directes que pendant le sommeil le cerveau, au lieu d'être congestionné, est au contraire pâle et exsangue, tandis que pendant la veille la circulation, devenue plus active, provoque un afflux de sang qui est en raison de l'intensité des fonctions cérébrales. Sous ce rapport, le sommeil naturel et le sommeil anesthésique du chloroforme se ressemblent; dans les deux cas, le cerveau, plongé dans le repos ou l'inaction, présente la même pâleur et la même anémie relative.

Voici comment se fait l'expérience. Sur un animal, on enlève avec soin une partie de la paroi osseuse du crâne, et on met à nu le cerveau de manière à observer la circulation à la surface de cet organe. C'est alors qu'on fait respirer du chloroforme pour opérer l'anesthésie. Dans la première période excitante de l'action chloroformique, on voit le cerveau se congestionner et faire hernie au dehors; mais, dès que la période du sommeil anesthésique arrive, la substance cérébrale s'affaisse, pâlit, en présentant un affaiblissement de la circulation capillaire qui persiste autant que dure l'état de sommeil ou de repos cérébral. Pour observer le cerveau pendant le sommeil naturel, on a pratiqué sur des chiens des couronnes de trépan en remplaçant la pièce osseuse enlevée par un verre de montre exactement appliqué, afin d'empêcher l'action irritante de l'air extérieur. Les animaux survivent parfaitement à cette opération; en observant leur cerveau par cette sorte de fenêtre pendant la veille et pendant le sommeil, on constate que, lorsque le chien dort, le cerveau est toujours plus pâle, et qu'un nouvel afflux sanguin se manifeste constamment au réveil, lorsque les fonctions cérébrales reprennent leur activité. Des faits analogues à ceux observés chez les animaux ont été vus directement sur le cerveau de l'homme. Sur un individu victime d'un épouvantable accident de chemin de fer, on eut l'occasion d'observer une perte de substance considérable. Le cerveau apparaissait dans une étendue de 3 pouces de long sur 6 de large. Le blessé présentait de fréquentes et graves attaques d'épilepsie et de coma, pendant lesquelles le cerveau s'élevait invariablement. Après ces attaques, le sommeil survenait, et la hernie cérébrale s'affaissait graduellement. Lorsque le malade était réveillé, le cerveau faisait de nouveau saillie, et se mettait de niveau avec la surface de la table externe de l'os. A la suite d'une fracture du crâne, on observa chez un autre blessé la circulation cérébrale pendant l'administration des anesthésiques. Au début de l'inhalation, la surface cérébrale devenait arborescente et injectée; l'hémorragie et les mouvements du cerveau augmentaient, puis, au moment du sommeil, la surface du cerveau s'affaissait peu à peu au-dessous de l'ouverture, en même temps qu'elle devenait relativement pâle et anémiée.

En résumé, le cerveau est soumis à la loi commune qui régit la circulation du sang dans tous les organes. En vertu de cette loi, quand les organes sommeillent et que les fonctions en sont suspendues, la circulation y devient moins active; elle augmente au contraire dès que la fonction vient à se manifester. Le cerveau, je le répète, ne fait pas exception à cette loi générale, comme on l'avait cru, car il est prouvé aujourd'hui que l'état de sommeil coïncide non pas avec la congestion, mais au contraire avec l'anémie du cerveau.

Si maintenant nous cherchons à comprendre les relations qui peuvent exister entre la suractivité circulatoire du sang et l'état fonctionnel des organes, nous verrons facilement que cet afflux plus considérable du liquide sanguin est en rapport avec une plus grande intensité dans les métamorphoses chimiques qui s'opèrent au sein des tissus, ainsi qu'avec un accroissement dans les phénomènes caloriques qui en sont la conséquence nécessaire et immédiate. La production de la chaleur dans les êtres vivants est un fait constaté dès la plus haute antiquité ; mais les anciens eurent des idées fausses sur l'origine de la chaleur : ils l'attribuèrent à une puissance organique innée ayant son siège dans le cœur, foyer où bouillonnent le sang et les passions. Plus tard, le poumon fut considéré comme une sorte de calorifère dans lequel la masse du sang venait tour à tour puiser la chaleur que la circulation était chargée de distribuer à tout le corps. Les progrès de la physiologie moderne ont prouvé que toutes ces localisations absolues des conditions de la vie sont des chimères. Les sources de la chaleur animale sont partout et nulle part d'une manière exclusive. Ce n'est que par l'harmonisation fonctionnelle des divers organes que la température se maintient à peu près fixe chez l'homme et les animaux à sang chaud. Il y a en vérité autant de foyers calorifiques qu'il y a d'organes et de tissus particuliers, et nous devons partout relier la production de chaleur avec le travail fonctionnel des organes. Quand un muscle se contracte, quand une surface muqueuse, une glande sécrètent, il y a invariablement production de chaleur en même temps qu'il se produit une suractivité dans les phénomènes circulatoires locaux.

En est-il de même pour le système nerveux et pour le cerveau? Des expériences modernes ne permettent pas d'en douter. Chaque fois que la moelle épinière et les nerfs manifestent la sensibilité ou le mouvement, chaque fois qu'un travail intellectuel s'opère dans le cerveau, une quantité de chaleur correspondante s'y produit. Nous devons donc considérer la chaleur dans l'économie animale comme une résultante du travail organique de toutes les parties du corps; mais en même temps elle devient aussi le principe de l'activité de chacune de ces parties. Cette corrélation est surtout indispensable pour le cerveau et le système nerveux, qui tiennent sous leur dépendance toutes les autres actions vitales. Les expériences ont montré que le tissu du cerveau présente la température la plus élevée de tous les organes du corps. Chez l'homme et les animaux à sang chaud, le cerveau produit lui-même la chaleur qui est nécessaire à la manifestation de ses propriétés de tissu. S'il n'en était pas ainsi, il se refroidirait infailliblement, et on verrait aussitôt toutes les fonctions cérébrales s'engourdir, l'intelligence et la volonté disparaître. C'est ce qui arrive chez les animaux à sang froid, chez lesquels la fonction de calorification n'est pas suffisante pour permettre à l'organisme de résister aux causes de refroidissement extérieures.

III.

Sous le rapport des conditions organiques ou physico-chimiques de ses fonctions, le cerveau ne nous présente donc rien d'exceptionnel. Si maintenant nous passons à l'expérimentation physiologique, nous verrons qu'elle parvient à analyser les phénomènes cérébraux de la même manière que ceux de tous les autres organes. Le procédé expérimental le plus généralement mis en pratique pour déterminer les fonctions des organes consiste à les enlever ou à les détruire d'une façon lente ou brusque, afin de juger des usages de l'organe d'après les troubles spéciaux apportés dans les phénomènes de la vie. Ce procédé de destruction ou d'ablation organique, qui constitue une méthode brutale de vivisection, a été appliqué sur une grande échelle à l'étude de tout le système nerveux. Ainsi, quand on a coupé un nerf et que les parties auxquelles il se distribue perdent leur sensibilité, nous en concluons que c'est là un nerf de sensibilité; si c'est le mouvement qui disparaît, nous en inférons qu'il s'agit d'un nerf de mouvement. On a employé la même méthode pour connaître les fonctions des diverses parties de l'organe encéphalique, et, bien qu'on ait rencontré ici de nouvelles difficultés d'exécution à cause de la complexité des parties, cette méthode a fourni des résultats généraux incontestables. Tout le monde savait déjà que l'intelligence n'est pas possible sans cerveau, mais l'expérimentation a précisé le rôle qui revient à chacune des portions de l'encéphale. Elle nous apprend que c'est dans les lobes cérébraux que réside la conscience ou l'intelligence proprement dite, tandis que les parties inférieures de l'encéphale recèlent des centres nerveux affectés à des fonctions organiques d'ordre inférieur. Ce n'est pas ici le lieu de décrire le rôle particulier de ces différentes espèces de centres nerveux qui se superposent et s'échelonnent en quelque sorte jusque dans la moelle épinière, il suffit de constater que nous en devons la connaissance à la méthode de vivisection par ablation organique qui s'applique d'une manière générale à toutes les investigations physiologiques. Ici le cerveau se comporte encore de même que tous les autres organes du corps, en ce sens que chaque lésion de sa substance amène dans ses fonctions des troubles caractéristiques et correspondant toujours à la mutilation qui a été produite.

Au moyen des lésions cérébrales qu'il produit, le physiologiste ne se borne pas à provoquer des paralysies locales qui suppriment l'action de la volonté sur certains appareils organiques; il peut aussi, en rompant seulement l'équilibre des fonctions cérébrales, amener la suppression de la liberté dans les mouvements volontaires. C'est ainsi qu'en blessant les pédoncules cérébelleux et divers points de l'encéphale, l'expérimentateur peut à son gré faire marcher un animal à droite, à gauche, en avant, en arrière, ou le faire tourner, tantôt par un mouvement de manège, tantôt par un mouvement de rotation sur l'axe de son corps. La volonté de l'animal persiste, mais il n'est plus libre de diriger ses mouvements. Malgré ses efforts de volonté, il va fatalement dans le sens que la lésion organique a déterminé. Les pathologistes ont signalé chez l'homme des faits analogues en grand nombre. Les lésions des pédoncules cérébelleux déterminent chez l'homme comme chez les animaux les mouvements de rotation. D'autres malades ne pouvaient marcher que droit devant eux. Par une cruelle ironie, un brave et vieux général ne pouvait marcher qu'en reculant. La volonté qui part du cerveau ne s'exerce donc pas sur nos organes locomoteurs eux-mêmes; elle s'exerce sur des centres nerveux secondaires qui doivent être pondérés par un équilibre physiologique parfait.

Il est une autre méthode expérimentale plus délicate, qui consiste à introduire dans le sang des substances toxiques diverses destinées à porter leur action sur les éléments anatomiques des organes laissés en place et conservés dans leur intégrité. A l'aide de cette méthode, on peut éteindre isolément les propriétés de certains éléments nerveux et cérébraux de la même manière qu'on isole aussi les autres éléments organiques musculaires ou sanguins. Les anesthésiques, par exemple, font disparaître la conscience et engourdissent la sensibilité en laissant la motricité intacte. Le curare au contraire détruit la motricité, et laisse dans leur intégrité la sensibilité et la volonté; les poisons du cœur abolissent la contractilité musculaire, l'oxyde de carbone détruit la propriété oxydante du globule sanguin sans modifier en rien les propriétés des éléments nerveux. Comme on le voit, par cette méthode d'investigation ou d'analyse élémentaire des propriétés organiques, le cerveau et les phénomènes dont il est le siège peuvent encore être atteints de la même manière que tous les autres appareils fonctionnels du corps.

Enfin il est une troisième méthode d'expérimentation, qu'on pourrait appeler celle des expériences par rédintégration. Cette méthode réunit en quelque sorte l'analyse et la synthèse physiologiques, elle nous permet d'établir par preuve et par contre-épreuve les relations qui relient la fonction à son organe dans les manifestations cérébrales. Lorsqu'on enlève le cerveau chez les animaux inférieurs, la fonction de l'organe est nécessairement supprimée; mais la persistance de la vie chez ces êtres permet au cerveau de se reformer, et, à mesure que l'organe se régénère, on voit ses fonctions reparaître. Cette même expérience peut également réussir chez des animaux supérieurs tels que des oiseaux, chez lesquels l'intelligence est beaucoup plus développée. Les lobes cérébraux ayant été enlevés chez un pigeon par exemple, l'animal perd immédiatement l'usage de ses sens et la faculté de chercher sa nourriture. Toutefois, si l'on ingurgite la nourriture à l'animal, il peut survivre, parce que les fonctions nutritives sont restées intactes tant que leurs centres nerveux spéciaux ont été respectés. Peu à peu, le cerveau se régénère avec ses éléments anatomiques spéciaux, et, à mesure que cette régénération s'opère, on voit les usages des sens, les instincts et l'intelligence de l'animal revenir. Ici, je me plais à le répéter, l'expérience a été complète; il y a eu en quelque sorte analyse et synthèse de la fonction vitale, puisque la destruction successive des diverses parties du cerveau a supprimé successivement ses diverses manifestations fonctionnelles, et que la reproduction successive de ces mêmes parties a fait reparaître ces mêmes manifestations. Il est inutile d'ajouter que la même chose arrive pour toutes les autres parties du corps susceptibles de rédintégration.

Les maladies, qui ne sont au fond que des perturbations vitales apportées par la nature au lieu d'être provoquées par la main du physiologiste, affectent le cerveau suivant les lois ordinaires de la pathologie, c'est-à-dire en donnant naissance à des troubles fonctionnels qui sont toujours en rapport avec la nature et le siège de la lésion. En un mot, le cerveau a son anatomie pathologique au même titre que tous les organes de l'économie, et la pathologie cérébrale a sa symptomatologie spéciale comme celle des autres organes. Dans l'aliénation mentale, nous voyons les troubles les plus extraordinaires de la raison, dont l'étude est une raine féconde où peuvent puiser le physiologiste et le philosophe; mais les diverses formes de la folie ou du délire ne sont que des dérangements de la fonction normale du cerveau, et ces altérations de fonctions sont, dans l'organe cérébral comme dans les autres, liées à des altérations anatomiques constantes. Si, dans beaucoup de circonstances, elles ne sont point encore connues, il faut en accuser l'imperfection seule de nos moyens d'investigation. D'ailleurs ne voyons-nous pas certains poisons tels que l'opium, le curare, paralyser les nerfs et le cerveau sans qu'on puisse découvrir dans la substance nerveuse aucune altération visible? Cependant nous sommes certains que ces altérations existent, car admettre le contraire serait admettre un effet sans cause. Quand le poison a cessé d'agir, nous voyons les troubles intellectuels disparaître et l'état normal revenir. Il en est de même quand les lésions pathologiques guérissent, les troubles de l'intelligence cessent et la raison revient. La pathologie nous fournit donc encore ici une sorte d'analyse et de synthèse fonctionnelle, comme cela se voit dans les expériences de rédintégration. La maladie en effet supprime plus ou moins complètement la fonction en altérant plus ou moins complètement la texture de l'organe, et la guérison restitue la fonction en rétablissant l'état organique normal.

Si les manifestations fonctionnelles du cerveau ont été les premières qui ont attiré l'attention des philosophes, elles seront certainement les dernières qu'expliquera le physiologiste. Nous pensons que les progrès de la science moderne permettent aujourd'hui d'aborder la physiologie du cerveau; mais avant d'entrer dans l'étude des fonctions cérébrales, il faut bien s'entendre sur le point de départ. Ici nous avons voulu seulement poser un terme du problème, et montrer qu'il faut renoncer à l'opinion que le cerveau forme une exception dans l'organisme, qu'il est le *substratum* de l'intelligence et non son organe. Cette idée est non-seulement une conception surannée, mais c'est une conception antiscientifique, nuisible aux progrès de la physiologie et de la psychologie. Comment comprendre en effet qu'un appareil quelconque du domaine de la nature brute ou vivante puisse être le siège d'un phénomène sans en être l'instrument? On est évidemment influencé par des idées préconçues dans la question des fonctions du cerveau, et on en combat la solution par des arguments de tendance. Les uns ne veulent pas admettre que le cerveau soit l'organe de l'intelligence, parce qu'ils craignent d'être engagés par cette concession dans des doctrines matérialistes, les autres au contraire se hâtent de placer arbitrairement l'intelligence dans une cellule nerveuse ronde ou fusiforme pour qu'on ne les taxe pas de spiritualisme. Quant à nous, nous ne nous préoccuperons pas de ces craintes. La physiologie nous montre que, sauf la différence et la complexité plus grande des phénomènes, le cerveau est l'organe de l'intelligence au même titre que le cœur est l'organe de la circulation, que le larynx est l'organe de la voix. Nous découvrons partout une liaison nécessaire entre les organes et leurs fonctions; c'est là un principe général auquel aucun organe du corps ne saurait se soustraire. La physiologie doit donc, à l'exemple des sciences plus avancées, se dégager des entraves philosophiques qui gêneraient sa marche; sa mission est de rechercher la vérité avec calme et confiance, son but de l'établir d'une manière impérissable sans avoir jamais à redouter la forme sous laquelle elle peut lui apparaître.

Conclusion[3]

La vie a son essence primitive dans la force de développement organique, force qui constituait la nature médicatrice d'Hippocrate et *l'archeus faber* de van Helmont. Mais, quelle que soit l'idée que l'on ait de la nature de cette force, elle se manifeste toujours concurremment et parallèlement avec des conditions physico-chimiques propres aux phénomènes vitaux. C'est donc par l'étude des particularités physico-chimiques que le médecin comprendra les individualités comme des cas spéciaux contenus dans la loi générale, et retrouvera là, comme partout, une généralisation harmonique de la variété dans l'unité. Mais le médecin traitant la variété, il doit toujours chercher à la déterminer dans ses études et la comprendre dans ses généralisations.

S'il fallait définir la vie d'un seul mot, qui, en exprimant bien ma pensée, mît en relief le seul caractère qui, suivant moi, distingue nettement

---

[3] Claude Bernard ; dans *Introduction à l'étude de la médecine expérimentale.*

la science biologique, je dirais: la vie, c'est la création. En effet, l'organisme créé est une machine qui fonctionne nécessairement en vertu des propriétés physico- chimiques de ses éléments constituants. Nous distinguons aujourd'hui trois ordres de propriétés manifestées dans les phénomènes des êtres vivants: propriétés physiques, propriétés chimiques et propriétés vitales. Cette dernière dénomination de propriétés vitales n'est, elle-même, que provisoire; car nous appelons vitales les propriétés organiques que nous n'avons pas encore pu réduire à des considérations physico-chimiques; mais il n'est pas douteux qu'on y arrivera un jour. De sorte que ce qui caractérise la machine vivante, ce n'est pas la nature de ses propriétés physico-chimiques, si complexes qu'elles soient, mais bien la création de cette machine qui se développe sous nos yeux dans les conditions qui lui sont propres et d'après une idée définie qui exprime la nature de l'être vivant et l'essence même de la vie.

Quand un poulet se développe dans un œuf, ce n'est point la formation du corps animal, en tant que groupement d'éléments chimiques, qui caractérise essentiellement la force vitale. Ce groupement ne se fait que par suite des lois qui régissent les propriétés chimico-physiques de la matière; mais ce qui est essentiellement du domaine de la vie et ce qui n'appartient ni à la chimie, ni à la physique, ni à rien autre chose, c'est l'idée directrice de cette évolution vitale. Dans tout germe vivant, il y a une idée créatrice qui se développe et se manifeste par l'organisation. Pendant toute sa durée, l'être vivant reste sous l'influence de cette même force vitale créatrice, et la mort arrive lorsqu'elle ne peut plus se réaliser. Ici, comme partout, tout dérive de l'idée qui elle seule crée et dirige; les moyens de manifestation physico-chimiques sont communs à tous les phénomènes de la nature et restent confondus pêle-mêle, comme les caractères de l'alphabet dans une boîte où une force va les chercher pour exprimer les pensées ou les mécanismes les plus divers. C'est toujours cette même idée vitale qui conserve l'être, en reconstituant les parties vivantes désorganisées par l'exercice ou détruites par les accidents et par les maladies; de sorte que c'est aux conditions physico-chimiques de ce développement primitif qu'il faudra toujours faire remonter les explications vitales, soit à l'état normal, soit à l'état pathologique.